...LITÉ ET EMPLOI

DES

ENGRAIS CHIMIQUES ET AUTRES

Avec formules raisonnées

Essai d'un Cultivateur champenois.

Bien faire et laisser dire.

REIMS

IMPRIMERIE ET LITHOGRAPHIE DE L'INDÉPENDANT RÉMOIS

40, RUE DE TALLEYRAND, 40

—

1898

UTILITÉ ET EMPLOI

DES

ENGRAIS CHIMIQUES ET AUTRES

Avec formules raisonnées

Essai d'un Cultivateur champenois.

Bien faire et laisser dire.

REIMS

IMPRIMERIE ET LITHOGRAPHIE DE L'INDÉPENDANT RÉMOIS

40, RUE DE TALLEYRAND, 40

—

1898

AVANT-PROPOS

L'emploi des engrais chimiques ou du commerce qui a pris un développement si considérable dans ces dernières années, a occasionné bien des dépenses inutiles par suite de l'inexpérience d'un grand nombre de cultivateurs que l'absence de publications spéciales à leurs sols et à leurs cultures, laisse dans une ignorance relative sur les besoins de leurs terres par rapport aux plantes qu'ils cultivent et sur le choix des engrais à employer, et les prive de tirer des engrais chimiques, tous les avantages que ceux-ci sont susceptibles de leur procurer.

Sans prétendre combler cette lacune — nous avons trop conscience de notre insuffisance pour cela — et profitant de loisirs forcés, nous nous sommes proposé de faire profiter d'un peu d'expérience acquise par plusieurs années de pratique dans la culture aux engrais chimiques employés complémentairement, ceux de nos confrères qui manquent de cette pratique sans laquelle on s'expose à des dépenses inutiles ou excessives, et par suite nuisibles.

Abonné à des journaux agricoles et en possession de différentes brochures sur l'emploi des engrais chimiques, nous sommes surpris du peu d'avantages qu'on peut tirer de la lecture des unes et des autres, si on n'est déjà initié à cette question. Journaux et brochures sont trop scientifiques d'abord, et ensuite généralisent trop — ce qui est en quelque sorte forcé, vu leur origine et leur destination — pour être compris de la masse des cultivateurs qui ne les lit pas ou n'attachent à leur lecture qu'une attention distraite, tant les enseignements qu'ils donnent sont, pour la plupart, loin d'être applicables dans nos sols et pour nos cultures. Sous cette réserve nous reconnaissons leur utilité, nous leur ferons d'ailleurs de fréquents emprunts au cours de cette publication qui, du reste, est autant un résumé d'études que d'expériences.

Par les erreurs coûteuses, conséquences de théories mal conçues qu'elle devait à la science, l'agriculture a payé assez cher les avantages qu'elle en a reçus. Il serait temps de ne plus lui en présenter que sanctionnées par l'expérience.

Déclinant toute compétence scientifique, les indications que nous donnerons seront forcément des plus sommaires et applicables seulement aux sols calcaires qui sont ceux que nous cultivons.

En disant ce que nous savons, nous demandons l'indulgence de ceux qui voudront bien nous lire, de ne pouvoir le faire avec plus de savoir, tant dans le fond que dans la forme. N'ayant d'autre but ni d'autre intention que d'être utile, nous verrions avec satisfaction des plus autorisés que nous faire mieux.

Jean François.

UTILITÉ ET EMPLOI

DES

ENGRAIS CHIMIQUES ET AUTRES

AVEC FORMULES RAISONNÉES

UTILITÉ DES ENGRAIS CHIMIQUES

Il est admis que sur quatorze éléments qui concourent à la formation des plantes, quatre seulement doivent être fournis au sol sous forme d'engrais, ce sont : l'azote, l'acide phosphorique, la potasse et la chaux. Les dix autres s'y trouvant en quantité suffisante, étant donné le peu d'importance de leur rôle dans la végétation, il n'y a pas lieu de s'en préoccuper; nous ferons de même pour la chaux qui est aussi assez abondante dans nos sols.

Ceci pour en arriver à dire que si le fumier fertilise nos terres, c'est qu'il contient de l'azote, de l'acide phosphorique et de la potasse.

Partant de ce principe les savants en ont conclu qu'en fournissant au sol, en proportion voulue, les éléments nécessaires à la plante à produire, on devait en obtenir des récoltes satisfaisantes — quelle que puisse être, d'ailleurs, la nature de l'engrais, pourvu qu'il présente lesdits éléments sous une forme soluble et assimilable pour la plante — et après de nombreuses et patientes recherches, après des expériences concluantes, ils ont mis à notre disposition un certain nombre de matières qui, contenant les mêmes éléments que le fumier, sont susceptibles de le suppléer : ce sont les engrais chimiques ou du commerce.

Si le fumier est resté supérieur à ces engrais, c'est qu'il améliore les propriétés physiques du sol dans lequel il forme l'humus ou terreau qui, entre autres effets utiles, y entretient et y ramène au besoin du sous-sol, la fraîcheur nécessaire à la végétation, mais si l'humus facilite la production des récoltes, il ne sert pas seul à les former, et, sous ce rapport, le mérite des engrais chimiques égale celui du fumier.

Enfin la facilité d'emploi, la faculté que ces engrais procurent, de pouvoir en varier les doses selon les besoins ou les préférences des plantes en font les auxiliaires du fumier que nous devons apprécier, ils le complètent et en prolongent les effets d'une façon si heureuse, qu'ils sont, à l'heure qu'il est, d'une incontestable utilité. Il importe de ne pas rester en dehors de ceux qui savent s'en rendre compte.

Oubliant l'utilité de l'humus dans la formation duquel il entre pour une bonne part, on a prétendu un moment qu'avec les engrais chimiques l'agriculture pouvait se dispenser de fumier. Ceux qui ont pu croire un instant à cette dangereuse théorie sont vite revenus de leur erreur : le fumier est resté depuis comme avant les engrais chimiques absolument indispensable à l'agriculture. Aussi n'est-ce pas pour en déconseiller l'emploi que nous écrivons ces lignes, mais pour montrer l'utilité desdits engrais employés comme complément et supplément du fumier.

Quoi qu'il en soit, l'agriculture doit avoir pour but les bénéfices; si, pour atteindre ce but, on doit réduire ses dépenses, il y a lieu d'en excepter celles qui concernent les engrais. En effet, étant productives, elles doivent être au contraire augmentées tant qu'elles ont pour effet de diminuer le prix de revient du produit, et la véritable science agricole consiste à s'arrêter juste à point, ce qui ne peut être obtenu sans les engrais chimiques, seuls ils permettent de donner aux plantes les éléments utiles dans des proportions aussi exactes que possible.

Le fumier contient bien tous les éléments dont les plantes ont besoin pour se développer; mais celles-ci ayant des exigences différentes — ce qui ne saurait être contesté — il s'ensuit que leur fournissant à toutes un aliment uniforme, il ne satisfait qu'imparfaitement à ces exigences, tantôt donnant trop, tantôt ne donnant pas assez du même élément. De sorte que, selon qu'il s'agira de produire telle ou telle plante, il leur procurera en excès ou avec insuffisance tel ou tel élément, ce qui explique les insuccès qu'on éprouve parfois avec le fumier employé seul dans certaines circonstances et pour certaines plantes — ce que nous examinerons plus loin, du reste — et notamment l'impossibilité de l'employer pour avoine.

Avec les engrais chimiques, cet inconvénient n'existe plus, on peut donner à la plante tout ce dont elle a besoin et rien que ce qui lui est indispensable.

Nous disons plus haut que les plantes ont des exigences différentes, cela est si bien établi qu'il faut y être obligé par des circonstances exceptionnelles pour mettre deux fois de suite la même plante à la même place. Nous verrons par la suite qu'elles ont toutes des besoins particuliers bien caractérisés, qu'en conséquence nous devons rechercher dans quelles conditions chacune d'elles réussit le mieux, et, au moyen des engrais chimiques, donner au sol ce qui lui manque pour se rapprocher le plus possible de ces conditions.

Ainsi, il est donc du plus haut intérêt pour nous de bien connaître les préférences des plantes, et nous y arriverons si nous suivons les indications qu'elles nous donnent elles-mêmes; alors connaissant les engrais chimiques qui permettent de les satisfaire, nous pourrons en obtenir de bons résultats.

Si la connaissance sur la valeur et les effets des engrais chimiques est encore peu répandue, c'est, nous le répétons, qu'il n'existe pas d'écrits spéciaux sur chaque nature de terrain et de culture relativement aux engrais qui leur conviennent.

Aussi, bien des erreurs décevantes et coûteuses ont été commises par les cultivateurs, soit dans l'emploi, soit dans l'achat des engrais. Non seulement, on en a acheté dont la valeur fertilisante était à peu près nulle ou le prix plus que doublé parfois, mais encore, et en admettant qu'on n'ait pas été trompé ni sur la qualité ni sur le prix de ces engrais, en les employant mal à propos, on n'obtenait que des résultats trop souvent négatifs, ce qu'il faut s'efforcer d'éviter.

THÉORIE ET PRATIQUE

En théorie, la terre a besoin pour produire les récoltes les plus abondantes possible d'être pourvue de chaque élément utile dans des proportions précises et mathématiques à déterminer préalablement par l'analyse chimique du sol (1).

Cette méthode n'est pas pratique et l'expérience peut et doit y suppléer avantageusement, car, en agriculture, le meilleur chimiste c'est la plante; elle est douée d'une délicatesse à laquelle les chimistes des laboratoires n'atteindront jamais; elle ne peut ni se tromper ni être trompée.

Ceux qui cultivent les plantes sont donc les mieux placés pour rechercher et apprécier quelle est la composition des aliments qu'il convient d'employer selon le sol.

Sans prétendre y réussir complètement, loin de là, c'est ce que nous nous sommes proposé de faire, en nous inspirant surtout des indications que donnent les plantes, en observant leur façon de se comporter dans les différentes conditions où elles sont cultivées, en recherchant en un mot le pourquoi des choses.

Ainsi, les savants nous disent que « la plante est le reflet du sol », c'est-à-dire que la composition des éléments qu'elle contient est en proportion de ceux contenus dans le sol (à l'exception de l'azote que certaines plantes prennent dans l'air). Cela implique, dans une certaine mesure,

______

(1) Il est établi que la terre peut contenir l'engrais en quantité suffisante, surabondante même, mais n'y étant pas sous une forme assimilable, il y a nécessité de le compléter.

que la même plante peut être cultivée dans des sols de nature et de compositions très différentes (ce qui existe, du reste), et cependant donner des récoltes satisfaisantes.

La chimie elle-même confirme le fait ; ainsi la paille d'avoine, dont la cendre contient 36 0/0 d'alcali (potasse) quand elle a poussé dans les terrains volcaniques, n'en renferme que 11 dans les terrains sablonneux et on n'y trouve que de la chaux dans les sols calcaires. (Dr Sacc, Chimie du sol.)

Voici d'autre part, et d'après M. Fiévet qui partage leur avis, ce que disent MM. Müntz et Girard dont la compétence fait autorité en la matière : « Il sera toujours prudent de vérifier les conclusions tirées de l'analyse chimique au moyen de champs d'expériences ; l'analyse servira de guide, évitera les tâtonnements toujours coûteux, mais, mettant de côté tout scrupule de chimiste, nous devons à la vérité de dire que dans l'état actuel de nos connaissances, elle n'est pas un guide infaillible ! »

Voilà donc la réfutation en règle de l'analyse chimique du sol et, de ce qui précède, il résulte que les besoins des plantes sont tout à fait relatifs au point de vue des aliments à leur fournir et que c'est à elles que nous devons nous adresser pour connaître le sol et ses besoins.

Ainsi, par la pratique et l'observation des faits,

par des expériences qui confirmeront ou qui détruiront les opinions admises, on peut arriver à une quasi-perfection dans l'emploi des engrais que la lecture des meilleurs livres — tant qu'on n'en aura pas fait de spéciaux pour chaque contrée déterminée par la nature de ses cultures et de son sol — et les analyses chimiques du sol ne permettraient pas d'atteindre.

D'après certains auteurs, les céréales auraient à peu de chose près les mêmes besoins, et ils nous donnent des formules en conséquence; de celles pour blé ils se bornent à nous conseiller de réduire les doses pour les autres céréales.

Nous venons de démontrer que cette théorie n'est pas fondée ; nous essaierons de le prouver par des faits.

D'ailleurs, les assolements que nous suivons et qui datent des temps très reculés n'ont pu être nécessités que par les besoins particuliers de chaque espèce de plante et dans le but de leur donner satisfaction à toutes. La plante qui précède consomme en moins grande proportion que celle qui suit tel élément qu'elle lui laisse, et réciproquement de cette dernière à l'égard de la suivante, ce que la pratique atteste et ce que veut la raison, exemple : un foin est toujours suivi d'un blé et de une ou deux avoines, qui donnent dans ce cas leurs plus beaux rendements; il en est de même du seigle qui ne vient jamais qu'ensuite. Un seigle fumé est généralement suivi d'un foin ou d'une orge, de préférence à une avoine dont la récolte ne répondrait pas à la qualité ou plutôt à l'état du sol.

Ainsi, nous n'appliquerons donc pas à toutes les céréales les mêmes formules d'engrais.

Ceci admis, la question reste à résoudre et l'emploi des engrais ne s'en trouve que plus compliqué. Sans prétendre l'avoir résolue, mais avec l'espoir d'éviter à d'autres les coûteuses expériences des débuts, nous allons examiner avec eux quels sont les besoins des plantes que nous cultivons, par rapport à notre sol; comment elles se comportent selon celles qui les ont précédées; la nature du fumier dont nous disposons; enfin, ce que sont les engrais chimiques et autres et quelle peut être leur utilité. Ensuite, nous donnerons les formules qui nous paraissent les plus conformes aux besoins des plantes et cela dans chacun des cas particuliers dans lesquels on les cultive généralement.

NOTES SUR LES ÉLÉMENTS FERTILISANTS

Pour employer les engrais chimiques avec chance de succès, il est indispensable d'être fixé sur l'action de chaque élément utile dans la végétation des plantes.

Nous avons dit plus haut pourquoi sur quatorze

qui le sont à des degrés différents trois seulement doivent être fournis sous forme d'engrais dans des proportions variées selon les préférences respectives de chaque plante et en tenant compte des réserves du sol.

Ces trois éléments ou agents de la fertilité : azote, phosphore, sous forme d'acide phosphorique, et potassium ou potasse ont chacun un rôle particulier à remplir dans le développement des plantes, rôle avec lequel il importe de se familiariser.

Azote. — L'azote a pour propriété de favoriser et d'activer le développement des végétaux. C'est l'azote qui donne l'élan à la végétation dans sa première période, avant la floraison, mais précisément à cause de ses effets il ne faut pas abuser de son emploi.

Un excès d'azote provoque la verse des céréales et nuit à la qualité du produit, grain et paille, en prolongeant la végétation au delà de l'époque de la maturité.

L'azote est inutile comme engrais aux légumineuses, luzerne, trèfle et sainfoin, qui tirent de l'air ce qu'elles en ont besoin et en enrichissent même le sol, ce qui leur a valu d'être qualifiées de plantes améliorantes ; après elles, en effet, les céréales acquièrent généralement le maximum de leur développement.

Le phosphore et la potasse sont des éléments

minéraux. Lorsqu'on brûle un végétal, il se produit une grande quantité de matières gazeuses — parmi elles, il y a l'azote (1) — et un résidu solide : la cendre. C'est dans cette cendre qu'on retrouve à peu près tous les éléments minéraux de la plante dont le phosphore et la potasse.

Le phosphore est surtout favorable à la formation des graines, mais toutes les plantes en contiennent et par conséquent en ont besoin, les légumineuses comme les céréales.

Il a été constaté par des analyses d'échantillons d'orge, d'avoine, de seigle et de froment que le poids spécifique de ces grains, c'est-à-dire leur qualité, est en raison directe de l'acide phosphorique qu'ils contiennent. On voit l'intérêt qu'il y a à employer cet élément.

Le rôle de la potasse dans la production des céréales, pour être utile, est certainement moins important que celui des précédents éléments, sauf pour le blé qui en exige une certaine proportion; les autres céréales en demandent moins; l'avoine notamment, dans nos sols, remplace la potasse par la chaux.

La potasse est l'élément préféré des légumineuses. On n'obtient de belles luzernes et des

---

(1) Pourquoi, à ce propos, nous conseillerons de ne pas brûler les gazons, mais de les détruire par dessiccation, ou mieux d'éviter qu'ils se produisent, les matières utiles qui les composent étant tirées du sol.

trèfles assurés qu'à la condition de leur en donner en quantité suffisante, soit par de fortes fumures au fumier de ferme, soit, ce qui paraît plus rationnel, par une addition d'engrais chimiques.

En résumé, l'utilité de l'acide phosphorique *pour toutes les plantes* étant établie, il s'ensuit qu'il y a lieu de l'employer conjointement avec l'azote pour les céréales et avec la potasse pour les légumineuses.

Nous reviendrons plus loin sur ces éléments en parlant des matières qui les contiennent.

DÉTERMINATION DES PRÉFÉRENCES DES PLANTES

Avoine

Semée sur luzerne tournée, l'avoine donne généralement ses plus beaux rendements. Après jarosse, dravières ou vesces, elle donne aussi des récoltes très satisfaisantes, tandis qu'après un blé fumé (1), surtout si le fumier est peu consommé, le résultat est bien incertain — à moins toutefois que le blé n'ait été fait sur foin — et que jamais on n'emploie de fumier pour avoine mal-

------

(1) On sait que le blé contient à la floraison 116 k. de potasse par °/₀₀, tandis qu'il n'en contient plus que 45 k. à la maturité. La différence est retournée au sol, c'est à sa présence que nous croyons pouvoir attribuer en partie les insuccès dans la culture de l'avoine après blé fumé au fumier.

gré l'avantage incontestable qu'il y aurait à en élever le rendement. A quoi peut-on attribuer cette préférence de l'avoine pour des sols où des légumineuses l'ont précédée et cette répulsion qu'elle paraît manifester pour le fumier ? Sachant que trois éléments principaux concourent à la formation des plantes, sachant aussi que les légumineuses consomment beaucoup de potasse et enrichissent le sol en azote, il semble qu'on peut répondre sans hésiter : Puisque l'avoine se plaît après une plante qui a enlevé au sol beaucoup de potasse et l'a enrichie en azote, qu'elle redoute le fumier qui lui apporte l'un et l'autre, c'est que l'azote lui est favorable et la potasse contraire, tout au moins quand on la lui donne directement.

En conséquence, si nous voulons augmenter la production de l'avoine à l'aide des engrais chimiques, nous lui donnerons de l'azote et pas de potasse. Outre les considérations que nous venons de faire valoir, il résulte d'expériences à notre connaissance que des avoines faites dans des conditions identiques, avec les mêmes formules et les mêmes doses d'engrais — sauf la potasse qu'on avait supprimée dans l'une — ont donné des rendements supérieurs là où il y avait la potasse en moins (1).

---

(1) M. Deliège, actuellement instituteur à Bétheny, a, dans une de ses expériences, fait cette constatation.

Si d'autre part et par contre on a pu constater qu'ayant semé de la potasse sur luzerne, mais trop tardivement pour qu'elle y produise de l'effet, cet effet s'est produit à l'avantage de l'avoine qui a suivi, il ne faudrait voir là qu'une exception qui ne saurait modifier sérieusement l'opinion que nous venons d'émettre sur les effets plutôt nuisibles produits par la potasse appliquée directement sur l'avoine. Ce résultat exceptionnel que paraît avoir produit ce sel, dans ce cas, peut tenir, en partie, à ce qu'il y est associé à une grande quantité d'azote ou enfin à un effet chimique comme il s'en produit tant dans le sol et encore inexpliqués (1).

A ceux qui nous objecteraient qu'on récolte de meilleures avoines que les nôtres dans les terrains riches en potasse, nous ferons la même réponse : à une plus grande quantité de potasse une quantité proportionnelle d'azote est jointe. D'autre part, il est à présumer qu'à la longue, la nature de l'avoine s'identifie à celle du sol, de sorte que faite à un régime pauvre en potasse, notre avoine peut avoir à souffrir de la présence exceptionnelle de cet élément dans nos terres, ou, pour le moins, peut s'en passer, c'est notre opinion.

---

(1) Celui-ci par exemple : Agissant préalablement sur les éléments du sol, il les disposerait à une action favorable pour la récolte à suivre, tandis qu'agissant sur les racines de la céréale, il les corrode au lieu de les alimenter.

Si nous allions chercher nos avoines de semences dans les pays à sols riches en potasse, nous devrions, on le comprendra, leur donner de la potasse.

Ce qui explique les insuccès qu'on éprouve généralement avec des avoines de provenance étrangère, c'est, apparemment, qu'il n'est jamais tenu compte de leurs préférences, selon cette provenance.

Voyons maintenant quel peut être le rôle de l'acide phosphorique à l'égard de ladite céréale. Dans les années favorables et surtout dans les terres ayant été abondamment fumées, les avoines sur luzernes tournées, versent, l'azote qui en favorise le développement se trouve en excès dans le sol proportionnellement à l'acide phosphorique, lequel — comme on sait — donne la raideur à la paille tout en favorisant la grenaison.

Il suit de cette remarque que non seulement il ne faut pas, sous prétexte qu'il produit de bons effets, donner trop d'azote à l'avoine, mais encore qu'il sera utile d'y ajouter de l'acide phosphorique si on veut assurer la réussite de la culture de cette plante.

Enfin, de ce qui précède, il résulte qu'avec l'aide des engrais chimiques on peut fournir à l'avoine les aliments qui lui conviennent — ce qu'on ne peut faire avec le fumier — et par suite en augmenter la production.

L'avoine est peut-être, des céréales, la plus avantageuse à cultiver, son rendement peut être porté, dans bien des cas, au double, sinon au triple de ce qu'il est bien souvent dans beaucoup de cultures; il y a donc là un grand progrès à réaliser, et il y a lieu d'espérer qu'avant longtemps et grâce aux engrais chimiques, on ne verra plus de ces rendements de 30 à 40 douzaines à l'hectare (360 à 480 gerbes); aux prix où sont tombés les produits agricoles, de tels rendements ne couvrent pas les frais de culture.

Cet avilissement que nous déplorons des prix de nos produits, a en grande partie pour cause l'augmentation de la production qui est due elle-même aux moyens que nous préconisons; mais comme il ne peut dépendre d'une contrée d'arrêter ou de suspendre la marche du progrès, il ne nous reste qu'à chercher à en éviter les conséquences, et, en agriculture comme dans l'industrie, le meilleur moyen *c'est de le suivre de plus près.*

Orge

A l'encontre de l'avoine qui redoute le fumier, l'orge en supporte très bien de fortes doses; c'est une plante relativement exigeante; aussi sa culture est-elle restreinte ou réduite aux meilleures terres. Quant à ses préférences au point de vue des éléments qui lui conviennent, puisqu'on ne la cultive pour ainsi dire pas sans fumier, celui-ci va nous les indiquer.

En premier lieu, il y a le fumier de pays qui paraît lui convenir assez bien; et quoique ce fumier paraisse contenir trop de potasse pour l'avoine, c'est celui qui en contient le moins (2 k. 800 0/00, alors que celui de cavalerie et celui de valage en contiennent à peu près 6 kil.).

Nous en déduisons que la potasse ne joue pas un rôle bien important dans la production de l'orge. Ce qui nous confirme dans cette opinion, c'est que le fumier de cavalerie qui contient une forte proportion de ce sel ne donne que des orges médiocres, tandis que les fumiers de pavé et les gadoues qui sont des engrais riches en azote, les dernières pauvres en potasse, produisent des orges abondantes, mais cette fois avec un grain plutôt maigre et une paille molle, ce qui semble indiquer qu'il y a excès d'azote par rapport à l'acide phosphorique, évidemment en insuffi-sance.

En résumé, si nous voulons améliorer nos récoltes en orge, et en admettant que nous dispo-sions des engrais ci-dessus, à notre fumier nous ajouterons une proportion moyenne d'azote, envi-ron 75 kil. de nitrate par hectare. On augmente-rait cette dose en proportion de ce qu'on dimi-nuerait celle du fumier, que

Au fumier de cavalerie on peut ajouter 100 kil. de nitrate, et 200 à 300 kil. de superphosphate paraissent devoir être ajoutés aux fumiers de pavés et surtout aux gadoues.

Faite aux engrais chimiques seuls, d'après les indications qui précèdent et des expériences qui nous ont paru les confirmer, on peut mettre pour orge, à l'hectare : superphosphate de 300 à 500 kil.; sulfate de potasse, 60 kil., et nitrate, 120 à 150 kilogrammes. La dose de potasse, qu'on peut diminuer ou même, à la rigueur, supprimer, pourra être portée à 100 kil. si l'orge doit être suivie de foin.

Blé

La culture du blé qui exige de bonnes terres et l'emploi de fortes doses d'engrais a donné lieu à de nombreuses études et aussi à bien des controverses, d'où la répulsion de la masse des cultivateurs pour l'enseignement théorique.

De ce que cette culture se fait dans des conditions diverses fort différentes, sous le rapport des sols et des assolements, il en résulte que les savants, partant de points de vue différents sans doute, n'ont pas encore pu se mettre d'accord sur la composition des engrais à fournir au blé.

Aussi, d'un certain nombre de formules que nous avons eu l'occasion d'examiner, bien peu nous ont paru d'une application pratique; l'azote y entre souvent en excès et la potasse presque toujours; en outre, les uns indiquent pour les éléments ci-dessus certaines doses que d'autres exigent doubles, ce qui justifie la défiance des cultivateurs pour la théorie.

Entre ces dires, c'est à la pratique qu'il appartient de prononcer.

Voyons alors comment le blé se comportait dans les différentes conditions où on le cultivait avant les engrais chimiques.

Pour aider à cet examen, nous multiplierons les exemples; ainsi admettons d'abord qu'il s'agisse d'un blé sur luzerne tournée — ce qu'on fait quelquefois — ne disposant que de fumier, et se rendant compte de l'effet fâcheux qu'il produirait si on en mettait une forte dose, celle-ci était réduite à sa plus simple expression et, cependant, on n'obtenait encore bien souvent que de médiocres résultats; on se bornait à constater le fait — sans en connaître la cause, la décomposition du fumier en azote, acide phosphorique et potasse était ignorée et par conséquent les rôles respectifs de ces éléments l'étaient aussi. Aujourd'hui, on l'explique ainsi : la luzerne laisse un sol riche en azote et épuisé en minéraux; or, si le blé aime l'azote il lui faut aussi des minéraux.

Notre fumier, qui est un engrais complet, ne

peut modifier la situation, car s'il apporte des minéraux, il apporte aussi de l'azote, de sorte que pour éviter les conséquences d'une proportion trop forte de cet élément, conséquences qui se traduiraient par la verse de la récolte, on est obligé de réduire la dose de fumier pour réduire la dose d'azote; mais alors la proportion des minéraux est restée trop faible, ce qui explique qu'on n'a qu'une paille de médiocre qualité et un grain maigre.

Cette difficulté qui résultait de l'emploi exclusif du fumier a fait qu'au lieu de blé on faisait et on fait encore, avec avantage, de l'avoine sur luzerne tournée, ce qui prouve, rappelons-le en passant, que blé et avoine n'ont pas les mêmes besoins.

Depuis que nous avons les engrais chimiques, il nous est loisible de faire du blé au lieu d'avoine sur luzerne tournée, et avec une dépense relativement faible, puisque nous n'avons à employer que des minéraux; nous pouvons non seulement obtenir un bon blé, mais encore gagner une récolte sur la jachère, en faisant suivre ce blé d'une avoine qui elle-même sera suivie immédiatement par un seigle. (Voir aux formules pour les engrais à employer dans ce cas.)

Nous arrivons aux terres ordinaires à blé, soit d'abord celles où il suit un trèfle ou un sainfoin.

Là, avec les mêmes doses de fumier, on réussissait mieux qu'après luzerne, le blé paraissait moins disposé à verser et le grain était de meilleure qualité. On peut donc en conclure que ces plantes enrichissent moins le sol en azote que la luzerne et aussi qu'elles l'épuisent moins en minéraux.

Cependant, la différence n'est pas bien grande car si on forçait la dose de fumier on arrivait aux mêmes résultats que sur la luzerne, le blé versait, la proportion d'azote étant trop forte, en celle des minéraux insuffisante.

On voit que si l'on veut obtenir une bonne récolte de blé sur des trèfles et sainfoin tournés en y mettant de l'azote, on devra augmenter la dose des minéraux en proportion. Une dose élevée de fumier exige l'adjonction de superphosphate.

Quand le blé suivait une avoine tournée, il trouvait là un terrain très favorable; on obtenait des récoltes en proportion des doses de fumier employées, bien entendu, mais quelles qu'aient été ces doses, dans une certaine mesure, la qualité de la paille et du grain restait bonne.

C'est que la proportion des éléments fertilisants contenus dans le sol et complétés par le fumier était à la convenance du blé, et si, dans ce cas, on pouvait mettre plus de fumier que sur trèfle et sainfoin et surtout que sur luzerne, sans s'exposer à la verse, qui, comme on sait, est produite par un excès d'azote, c'est que l'avoine qui a suivi la luzerne a enlevé au sol plus d'azote que de minéraux. Ce que nous avons déjà fait remarquer à l'article avoine.

Quelquefois, lorsqu'il s'agissait de terres basses où le seigle était exposé à geler, au lieu de fumer en seigle on mettait du blé, ce qui arrivait encore quand on manquait de fumier à l'époque des semailles du seigle. Jamais, dans ces conditions, on n'a vu un blé verser. Quelle qu'ait été la dose de fumier employée, la proportion d'azote restait insuffisante pour produire ce résultat; cela par suite d'une répétition plus ou moins prolongée de cultures de céréales ayant épuisé les ressources de ce même sol.

Ainsi, pour assurer la réussite d'un blé dans une terre à seigle, il nous faut ajouter de l'azote au fumier, et moins nous mettrons de celui-ci plus nous devrons mettre de celui-là.

Voyons maintenant l'effet que produisent respectivement les fumiers de différentes natures employés plus ou moins communément et admettons qu'il s'agisse de fumer une « terre à blé ». En fumier de pays, une dose relativement forte est bien supportée et produit un bon blé; une dose plus forte expose à la verse, la proportion voulue des éléments fertilisants est rompue au profit de l'azote qui se trouve en excès.

En fumier de vallage, riche en azote et en

potasse, une dose plus faible que le fumier de pays donne une récolte égale à celle que celui-ci produirait, cela grâce à une proportion de potasse plus élevée et mieux en rapport avec la quantité d'azote contenue dans ce fumier, d'après les besoins de la plante et l'état du sol.

En fumier de cavalerie, on constate un effet contraire à celui que produit le fumier de pays, le blé jaunit au printemps quelle que soit la dose employée, l'azote est en insuffisance par rapport à la potasse qui restera en excès, et on n'aura qu'une paille et un épi courts.

De ces remarques, on peut conclure qu'un mélange par parties égales de ces fumiers donnerait des résultats satisfaisants.

Les fumiers de pavés et les gadoues riches en azote et, ces derniers principalement, pauvres en minéraux, donnent généralement des blés d'un vert foncé plutôt disposés à verser; aussi, on n'emploie ces engrais qu'à des doses faibles.

(A cause des dangers qu'ils présentent employés à doses élevées, on les dit « forts », c'est fort azotés qu'il conviendrait de dire et on en modifierait avantageusement les effets sur blé, comme c'est le cas qui nous occupe, en y ajoutant de l'acide phosphorique et de la potasse. Les gadoues surtout, comme nous venons de le dire, ont besoin de cette addition.)

En résumé, pour faire du blé dans les conditions énumérées plus haut, si on dispose des engrais ci-dessus, il y a un choix à faire selon les conditions des terres auxquelles on les destine.

Sur la luzerne, terre riche en azote et pauvre en potasse, on mettra de préférence le fumier de cavalerie qui contient beaucoup de potasse et peu d'azote ; le même fumier peut s'employer aussi avec succès sur trèfles et sainfoins, lesquels laissent aussi un sol riche en azote ; le fumier de pays plus azoté que le précédent convient encore dans le même cas, mais il amènerait la verse du blé plus facilement, on le conçoit.

Ce dernier fumier paraît bien à sa place sur les terres à blé, tandis que le fumier de vallage, celui de pavé et les gadoues, plus riches en azote, conviennent à la terre à seigle qui en est la plus dépourvue.

Toutefois, il est bien entendu que si le blé fait dans ce dernier cas doit être suivi de foin, on emploiera de préférence à tout autre, aux gadoues surtout, le fumier de vallage, azoté et potassique, il convient également au blé et au foin.

S'il est possible de répartir mieux que nous ne l'avons fait les divers engrais ci-dessus — ce que nous ne contestons pas — du moins on reconnaîtra qu'on ne peut, avec eux seuls, donner aux plantes exactement ce qu'elles ont besoin.

S'il y a lieu, de faire un choix des engrais — en fumier quelconque — selon les terres, il ne s'ensuit pas nécessairement que celui employé réponde exactement aux nécessités ; de là, l'utilité des engrais du commerce qui permettent de le compléter.

Ainsi, quand une terre contient assez d'azote pour produire une plante, comme c'est le cas pour la luzernière qui contient assez d'azote pour produire un blé, on n'a qu'à ajouter les éléments en insuffisance, dans l'espèce, de l'acide phosphorique et de la potasse ; avec une faible dépense on aura une récolte assurée.

Après les trèfles et sainfoins qui laissent aussi beaucoup d'azote — mais pas assez cependant pour produire une forte récolte — une faible proportion de cet élément sera ajoutée à des proportions d'acide phosphorique et de potasse plutôt inférieure à celles employées sur la luzernière.

Sur les « terres à blé » où tous les engrais peuvent être employés, le fumier de pays, au cas où la dose serait insuffisante, sera complété par un apport d'azote, cela en proportion d'autant plus faible que la dose de fumier sera plus élevée.

Si, au cas contraire, la dose de fumier est forte, au lieu d'azote, l'acide phosphorique paraît indiqué.

Plus que le précédent, le fumier de cavalerie demande à être complété par de l'azote (1) ; celui de vallage suffira à lui seul et les fumiers de pavés et les gadoues devront être additionnés d'acide phosphorique.

Aux engrais chimiques seuls, tous les éléments sont nécessaires.

Sur les terres à seigle, on peut obtenir de bons blés avec des fumiers de pavés ou des gadoues additionnés d'une faible proportion de super-phosphate, le fumier de vallage — à moins d'être employé à forte dose — demanderait une faible addition d'azote et d'acide phosphorique. Le fumier de pays un peu plus d'azote et celui de cavalerie une proportion plus élevée.

Aux engrais chimiques seuls, un blé fait sur une terre à seigle demande la plus forte proportion d'azote qu'on puisse avoir à employer pour céréales, tandis qu'une proportion moyenne d'acide phosphorique et de potasse peut suffire.

Enfin, quant aux engrais complémentaires, le cultivateur sachant généralement à l'avance quelle récolte il doit attendre, selon les circonstances, la nature et l'importance des fumiers, de terres qu'il travaille et qu'il fume lui-même, peut apprécier, aidé de ce qui précède, quels sont les

---

(1) Souvent aussi par de l'acide phosphorique.

éléments à employer en complément de ses fumures pour modifier ses rendements dans le sens le plus avantageux.

Seigle

Assez exigeant sur les façons à donner au sol pour sa culture, le seigle l'est relativement peu au sujet des engrais à lui donner, et cependant on nous présente des formules qui nécessiteraient des dépenses atteignant parfois 110 fr. à l'hectare, alors que dans la plupart des cas elles n'atteignent pas 40 fr., tout en étant très suffisantes.

De nombreuses expériences, qui sont de pratique courante actuellement, ont démontré que l'emploi du superphosphate seul donne de bons résultats, même dans des terres de médiocre valeur.

Quand il s'agit d'une terre usée on peut, il est vrai, y ajouter de l'azote avec avantage, mais c'est l'exception, et la composition d'un engrais pour seigle ne doit, à la rigueur, comporter que deux éléments : azote et acide phosphorique.

A ceux qui préconisent l'emploi de la potasse pour seigle, nous ferons remarquer que, d'une part, nos sols calcaires comptent parmi les plus pauvres en potasse et que, d'autre part, le seigle est la plante qu'ils produisent avec le plus de facilité et souvent avec abondance, ce qui ne paraît pas démontrer que le seigle demande de la potasse.

Qui n'a remarqué, d'ailleurs, la paille et les épis courts qu'on obtient avec les fumiers de cavalerie, riches en potasse, comparativement aux récoltes que donnent nos fumiers de pays, qui contiennent près de trois fois moins de cet élément.

Du reste, ce n'est pas toujours dans les terres fumées — cas où il y a le plus de potasse dans le sol — qu'on a les meilleurs seigles, et ce serait ne pas vouloir profiter de la facilité avec laquelle cette céréale vient dans nos sols que de lui donner sans compter de fortes doses d'engrais.

Si nous voulons travailler à bénéfice, ou au moins y essayer, nous devons d'abord éviter les dépenses inutiles ; en conséquence, quand nous pouvons obtenir de bonnes récoltes avec des dépenses réduites, nous devons nous en tenir là.

On comprend qu'en doublant ou même en triplant parfois ces dépenses, il devient difficile de les récupérer.

Enfin, pour en revenir aux engrais qui conviennent au seigle, cette céréale se faisant dans des conditions qui varient peu, nous ne croyons pas avoir à insister ; on sait aujourd'hui à quoi s'en tenir à ce sujet, ainsi que nous le disons au commencement de cet article. On trouvera du reste aux « formules » les indications que nous croyons pouvoir donner.

Malgré la facilité que nous avons d'obtenir de hauts rendements en seigle, le bas prix excessif où il est tombé, grain et paille, amènera à en diminuer la production, en le remplaçant par du blé, au moins dans les terres fumées où on le mettait ordinairement et dans celles où le seigle est exposé à geler. Avec de faibles dépenses en engrais complémentaire dans le premier cas — avec fumier — complet dans le deuxième — sans fumier — on peut aboutir à des résultats avantageux.

Légumineuses

On désigne, sous le nom de légumineuses, les plantes à larges feuilles ou plutôt celles dont le fruit est en gousse, destinées à être coupées en vert ou converties en foin, telles sont : la luzerne, le trèfle et le sainfoin ; à ces plantes, il convient d'ajouter les jarros, vesces, lentilles, pois et haricots, qui toutes ont pour dominante la potasse.

Tous les cultivateurs savent que les légumineuses (les foins), donnent des récoltes d'autant plus abondantes qu'il y a plus longtemps que la terre n'en a porté où on les met, ce qui implique à notre sens, que les céréales ont laissé la potasse s'accumuler dans le sol plutôt qu'elles ne l'en ont épuisé.

Cela paraît, du reste, conforme à la nature : en échange de l'azote que les céréales reçoivent des légumineuses, elles leur rendent, ou leur laissent de la potasse, ainsi s'explique la nécessité et l'avantage de l'alternance des cultures.

Donc, si l'on veut se conformer aux exigences des plantes on réservera la potasse pour les légumineuses, leur en donnant en suffisance, on pourra se dispenser — à l'exception des blés — d'en donner aux céréales.

On rappelle souvent qu'autrefois les luzernes duraient plus longtemps qu'aujourd'hui, et on ajoute que cela vient de ce qu'alors elles revenaient moins souvent qu'à présent à la même place.

Cette explication est vraie et elle nous paraît mériter d'être développée.

La science nous apprend que notre sol, ainsi que tous les sols calcaires, est pauvre en potasse et que cependant il en contient des milliers de kilogr. par hectare — comme, du reste, de l'azote et du phosphore — mais dont une faible proportion seulement se trouve disponible dans le cours de la végétation d'une plante, d'où nécessité de restituer au sol une partie des éléments enlevés par les récoltes précédentes. Cette partie devant correspondre aux besoins des récoltes à produire.

Comme, en fait, cette restitution est généralement inférieure à ce qu'enlèvent les récoltes (1), il est évident que la différence est fournie par le sol lui-même — il s'agit ici des minéraux, spécialement de la potasse — qui, chaque année, se trouve en avoir mis une certaine proportion à la disposition des plantes.

Or, puisque quand les céréales (2) ont été cultivées pendant une plus longue suite d'années dans le même sol, la luzerne y prend un plus grand développement et peut y rester plus longtemps. C'est donc, ainsi que nous le pensons, que les céréales n'ont pas utilisé toute la potasse que ce sol mettait à leur disposition et dont la provision s'augmentait chaque année au profit des légumineuses qui n'y reviennent qu'à de longs intervalles.

Cette théorie étant admise, il est facile de conclure : puisqu'aujourd'hui nous ne pouvons plus attendre qu'une provision suffisante de potasse assimilable soit mise à la disposition des légumineuses, obligés que nous sommes de les ramener trop souvent dans le même sol, nous devons leur fournir cet élément artificiel-

---

(1) D'une fumure à l'autre, déduction faite de ce qui se perd par évaporation ou par infiltration.

(2) Seigles et avoines répétés.

lement si nous voulons obtenir des récoltes abondantes.

En dehors de cet avantage et comme consé-quence, on est assuré, après une légumineuse bien développée, de résultats en proportion de ce développement avec les céréales qui suivront et celles-ci, par suite, pourront se dis-penser, sans inconvénient, de recevoir de la potasse.

Nous avons dit que c'est à cette propriété qu'elles ont d'enrichir le sol en azote que les légumineuses doivent d'être appelées « plantes améliorantes », d'où l'intérêt qu'il y a à les cul-tiver le plus et surtout le mieux possible ; en voici un exemple connu de tous les cultivateurs : on sème ordinairement soit des soinfoins purs ou mélangés de trèfles sur seigle, et des luzernes sur orges fumés au fumier, et il arrive parfois que, par suite de sécheresse principalement, les foins ne lèvent pas où lèvent clairs. On est alors obligé de cultiver à leur place une nouvelle céréale, laquelle ne donne, bien souvent, qu'une récolte moyenne ; celles qui suivent vont vite en diminuant de valeur, enfin, l'effet du fumier n'est pas de longue durée.

Tandis que si le foin réussit, on l'obtient pour ainsi dire gratis, car on a après lui, grâce à la provision d'azote dont il a enrichi le sol, plu-sieurs récoltes de céréales dont le rendement est supérieur à celui qu'on obtenait dans le cas ci-dessus.

Si d'autre part, et quoique levé clair on laisse le foin, les céréales qui suivent n'égalent pas non plus celles qu'on obtient après des foins épais et abondants.

Il y a donc pour nous *un intérêt majeur* à produire de fortes récoltes de légumineuses, toutes produisant le même effet bienfaisant à l'égard et au profit des céréales.

Nous disons en commençant que la potasse est la dominante des légumineuses, il y a lieu de préciser : le trèfle en est le plus exigeant, puis la luzerne, le sainfoin en demande moins. Pour être coupés en vert, les jarros et dravières se trouveront bien qu'une faible proportion d'azote soit ajoutée à la potasse qui leur convient également et surtout si on veut produire de la graine, l'emploi d'acide phosphorique est indispensable. Toutes les légumineuses consomment beaucoup d'acide phosphorique et en épuisent le sol, surtout quand elles produisent graines. On les dit améliorantes, mais c'est uniquement au point de vue de l'azote qu'elles laissent derrière elles. On devrait les dire épuisantes au sujet des minéraux.

Si ayant été des premiers à utiliser les engrais chimiques, nous nous permettons de traiter ce sujet étant du commun des cultivateurs, nous devons borner là notre action. Aussi, nous évitons de parti pris de nous occuper des façons à donner aux terres. Sous ce rapport, nous n'aurions rien à apprendre aux Champenois, nos compatriotes, justement réputés bons laboureurs. Qu'il nous soit permis, toutefois, de rappeler l'intérêt qu'il y a à bien tenir les terres à empouiller en foin. Ce n'est pas, on le sait, au moment de semer la céréale qui précédera le foin qu'il faut penser à nettoyer sa terre, il est trop tard et on n'y réussit jamais qu'imparfaitement dans ces conditions. On n'a de certitude sous le rapport de la propreté d'une terre qu'autant que l'avant-dernière céréale a été faite sur une terre bien nette. On le sait, reste à être conséquent en ne négligeant rien de ce qu'on sait être utile.

PLANTES SARCLÉES

Depuis quelques années, la culture des plantes sarclées, fourragères et potagères, a pris une certaine importance et tend à se répandre de plus en plus dans nos contrées.

Cette culture est assez lucrative quand elle est bien faite ; et non seulement elle exige de fortes doses d'engrais, mais il ne faut pas lui ménager les soins si l'on veut que ces engrais produisent leur maximum d'effet.

Comme l'ensemble des plantes que nous venons

de passer en revue, céréales et légumineuses, au point de vue des éléments de la fertilité, les plantes sarclées n'ont pas toutes les mêmes exigences. Ainsi les betteraves fourragères et les carottes ont également besoin d'une forte proportion d'azote ; les navets, choux-navets, etc., qui en exigent moins, demandent plus d'acide phosphorique et de potasse, les pommes de terre ont la potasse pour dominante.

On voit que si on fait ces plantes uniquement au fumier, on ne les satisfait qu'imparfaitement ; si nous admettons que le fumier employé à fortes doses convienne aux betteraves fourragères et aux carottes en leur fournissant l'azote en proportion suffisante, ce qui peut se réaliser dans une terre sortant de luzerne, il sera insuffisant pour les navets, etc., qui manqueront d'acide phosphorique et surtout pour les pommes de terre qui manqueront de potasse, si la quantité de fumier employée correspond à celle de l'azote nécessaire. Et, si on veut atteindre pour les navets et pour les pommes de terre respectivement aux proportions voulues d'acide phosphorique et de potasse, on donnera trop d'azote, ce qui sera, pour les pommes de terre principalement, non seulement une dépense inutile, mais nuisible à cause du développement excessif que prendront les fanes au détriment des tubercules.

Avec les engrais chimiques l'équilibre peut être maintenu. En ajoutant de l'acide phosphorique au fumier pour navets, et de la potasse pour pommes de terre.

Comme elles ne craignent pas les fortes fumures, qu'au contraire, elles sont fort exigeantes sous ce rapport et ne sont de bonne qualité qu'autant qu'elles ont trouvé dans le sol une nourriture abondante et conforme à leurs besoins, on n'hésitera pas à donner aux plantes sarclées de fortes doses d'engrais.

En forçant la production on peut diminuer l'étendue du terrain à cultiver et obtenir une récolte égale avec moins de semences et surtout moins de main-d'œuvre.

Les engrais employés en complément du fumier devront, autant que possible, être incorporés au sol avec lui, surtout si cette incorporation n'a lieu que peu de temps avant les plantations ou semences, excepté pour le nitrate qu'on n'emploie, en partie, qu'au dernier moment pour les betteraves, carottes et choux-navets, et en couverture, à la levée pour les pommes de terre (cela d'après certains auteurs, d'autres préconisent l'emploi du nitrate en plantant les pommes de terre. Cette méthode nous paraît mériter d'être sérieusement essayée.)

FUMIERS

Les éléments essentiels de la fertilité : azote, acide phosphorique, potasse et chaux (1) qui sont contenus dans le fumier s'y trouvent dans des proportions fort variables selon l'origine des plantes ou des matières qui l'ont formé ou encore selon l'espèce d'animaux qui l'ont produit.

Ainsi, par exemple, celui que nous produisons en Champagne n'est pas celui qui conviendrait à notre sol, au moins dans la plupart des cas — ce qui ne veut pas dire que ses effets soient à dédaigner, loin de là — car en dehors des circonstances particulières qui peuvent en modifier la composition — alimentation plus ou moins abondante et substantielle, quantité de litière employée, etc., — le fumier a les défauts de même que les qualités du sol qui a produit les plantes qui l'ont formé, ce qui fait dire que le fumier est l'image du sol ; de sorte que, notre sol manquant de potasse, l'emploi de notre fumier ne peut corriger ce défaut qu'il a lui-même. Voilà pourquoi nous disons que ce n'est pas celui qui conviendrait à notre sol.

Nous précisons ; s'il s'agit de produire des cé-

____

(1) La chaux se trouvant toujours en quantité suffisante dans nos sols nous ne nous en occupons pas, nous l'avons déjà fait remarquer.

réales pour lesquelles une faible proportion de potasse paraît suffisante, notre fumier donnera d'assez bons résultats, si on n'en force pas la dose. Employé avec excès, la verse est à craindre, la proportion d'acide phosphorique est insuffisante comparativement à celle d'azote.

Quant au manque de potasse, il se manifeste surtout sur les légumineuses très avides de cet élément, aussi on en voit peu atteindre leur complet développement quand elles n'ont reçu pour fumure qu'une dose ordinaire de nos fumiers. Ceci s'applique surtout aux trèfles et luzernes.

De ce que par sa nature calcaire notre sol décompose rapidement le fumier, que d'autre part nous exportons beaucoup de nos produits en pailles et grains, nous sommes obligés d'importer une grande partie du fumier qui nous est nécessaire. Le plus communément employé est le fumier de cavalerie qui, à l'encontre du nôtre, contient beaucoup de potasse — environ trois fois autant — aussi produit-il des foins abondants, mais en céréales les résultats sont beaucoup moins bons, car l'acide phosphorique et surtout l'azote, y sont en notable insuffisance.

Si nous nous adressons au « vallage » nous avons bien le meilleur fumier possible pour nos terres, mais nous ne l'obtenons la plupart du temps qu'à un prix trop élevé; des vendeurs peu scrupuleux s'ingénient à nous fournir le plus de poids sous le moins de volume possible... (1).

En un mot le fumier de vallage, par sa composition, convient à toutes les plantes dans notre sol, les céréales et les légumineuses s'en trouvent également bien. Il n'a qu'un défaut, c'est de coûter trop cher.

Dans le voisinage des villes — de Reims pour nous — on obtient à des conditions généralement avantageuses, des fumiers dits de pavés et des vidanges, liquides ou solides (gadoues), ces engrais, les derniers principalement, sont surtout azotés et ne conviennent bien qu'aux céréales auxquelles ils donnent un développement quelquefois exagéré, en raison de leur richesse en azote, laquelle a pour autre effet d'empêcher d'employer les fumiers de pavés, seuls, et les gadoues pour légumineuses (2).

Ainsi sans qu'il soit besoin de préciser davantage sur les mérites respectifs des fumiers de différentes provenances dont nous disposons et

---

(1) Le même reproche peut être adressé à certains fournisseurs de fumier de cavalerie et il y aurait lieu de surveiller les uns et les autres afin de réprimer cette coupable pratique qui consiste à arroser le fumier.

(2) Excepté pour celles à couper en vert, tels les jarrots et dravières auxquels le fumier de pavé peut convenir. Nous devons ajouter qu'il y a un choix à faire parmi les fumiers de pavé selon leur provenance. C'est ainsi que ceux de Rethel passent pour très potassiques tandis que ceux de Reims le sont peu.

particulièrement de ceux dont nous venons de parler, on doit reconnaître que, sauf peut-être le fumier de vallage dont les effets indiquent que la composition correspond généralement aux besoins de notre sol, tous les fumiers ou engrais divers ont besoin, le plus souvent, d'être complétés par des engrais chimiques selon les plantes auxquelles on les destine et l'état du sol.

Voilà ce que nous voudrions démontrer.

Quand autrefois on n'avait que ce fumier que nous déclarons imparfait et insuffisant, la situation de l'agriculture était bien différente de ce qu'elle est aujourd'hui; on savait alors se contenter de peu aussi bien sous le rapport des besoins des satisfactions personnelles que sous celui des profits et, d'un autre côté, ceux-ci étaient satisfaisants malgré des récoltes médiocres mais dont on obtenait des prix élevés et rémunérateurs.

Aujourd'hui que cette situation est absolument et désavantageusement transformée pour nous, notre devoir est de chercher à en atténuer les effets dans la mesure du possible.

L'augmentation de la production est un moyen de parer à la diminution du prix des produits, prenons déjà ce moyen.

Et tandis que deux qualités résumaient le bon cultivateur d'autrefois, reconnaissons qu'une troisième lui est devenue nécessaire : il doit se livrer à des calculs, à des recherches sur les meilleurs procédés à employer pour produire le plus possible, vite et à peu de frais (1).

Ainsi, pour en revenir à notre sujet, quand nous avons à employer du fumier, quelles qu'en soient d'ailleurs la provenance et la composition, comme celle-ci répond rarement en tous points aux besoins du sol, pour produire telle plante que ce soit, nous devons nous baser, pour la dose à employer, sur l'élément qu'il contient en plus grande proportion, ou plus justement en suffisance — surtout s'il s'agit d'azote — lequel devra correspondre, sans excès, aux besoins de la récolte à produire, puis compléter les éléments en insuffisance par une addition d'engrais chimiques, de cette façon la plante trouvera dans le sol tous les éléments nécessaires sans qu'aucun y soit en excès, ce qui constituerait sinon une perte, du moins une dépense inutile.

Il va sans dire que si, manquant de fumier, on n'en emploie qu'une dose faible, aucun élément n'étant fourni en quantité suffisante, tous devront être ajoutés proportionnellement aux besoins des plantes.

Nous savons bien qu'en pratique on ne peut déterminer d'une façon précise la quantité de chaque élément — qu'il soit fourni par du fumier ou par des engrais commerciaux — qu'il convient

---

(1) Proportionnellement à la production.

de donner à telle plante que ce soit, trop de causes s'y opposent, et établir une formule d'engrais ne saurait être une opération d'arithmétique, mais il n'en est pas moins vrai que ce serait là l'idéal et que nous devons chercher à nous en rapprocher le plus possible.

Ainsi, pour nous résumer, sur les demi-fumures les engrais seront dosés d'après les ressources connues du sol — riche en azote et épuisé en minéraux après légumineuse, épuisé d'azote et d'acide phosphorique après plusieurs céréales — les besoins de la plante à produire — en tenant compte surtout de sa dominante — et la nature du fumier employé. Là enfin tous les éléments peuvent être nécessaires tandis que sur des fumures complètes, un ou deux éléments au plus suffiront.

ENGRAIS CHIMIQUES

Connaissant les exigences des plantes et les besoins du sol et sachant que le fumier seul est insuffisant pour les satisfaire, il reste à examiner ce que sont les engrais chimiques ou commerciaux qui, employés seuls ou ajoutés au fumier permettent d'augmenter nos productions avec des dépenses relativement réduites.

Les matières les plus ordinairement employées sont, pour l'azote : le nitrate de soude, le sulfate d'ammoniaque, le sang et les viandes desséchés, la corne torréfiée, les tourteaux et poudrettes, les guanos de poissons et autres.

Pour l'acide phosphorique : les superphosphates minéraux et ceux d'os, puis les phosphates naturels et les scories de déphosphoration beaucoup meilleur marché que les précédentes, mais dont l'emploi direct ne paraît rationnel que dans les terres acides, — où croissent les prêles, l'oseille sauvage, etc., — ou riches en matières organiques.

Pour la potasse : le chlorure de potassium, le sulfate de potasse et le kaïnite.

ENGRAIS AZOTÉS

NITRATE DE SOUDE

Le nitrate de soude qui doit contenir 15.50 0/0 d'azote nitrique, produit rapidement son effet quand il est employé par un temps suffisamment frais, ce qui doit être fait autant que possible.

C'est un engrais très actif qu'il faut répandre avec réserve, car à haute dose il fait verser les céréales et diminue la qualité de la paille et du grain. Nous croyons qu'il est préférable de le considérer plutôt comme un stimulant que comme un engrais : il est souverain pour remettre en état une culture languissante, pour donner un coup de fouet à la végétation.

On a souvent reproché au nitrate d'user la terre, de l'appauvrir ; voici à quoi cette accusation pourrait bien correspondre : Outre son effet principal qui est de provoquer le développement de la végétation, le nitrate de soude dissoudrait les phosphates difficilement solubles du sol qui seraient ainsi absorbés par les plantes ; dans ces conditions, on le comprend, on obtient une récolte plus abondante, mais on le comprendra encore, c'est au détriment du sol, car plus une récolte est abondante dans un sol donné, plus elle lui enlève de ses éléments.

Si les choses se passaient toujours ainsi, on n'aurait pas trop à regretter ces effets du nitrate de soude — l'abondance de la récolte étant une compensation à la diminution de la fertilité du sol — mais c'est qu'il est des cas où cette absorption de phosphate ne correspond pas, au dire de savants, à une récolte plus abondante, c'est alors qu'on pourrait se plaindre que le nitrate aurait usé la terre, puisqu'il aurait fait disparaître les phosphates qu'elle tenait en réserve sans profit pour la récolte.

Voici comment les choses se passeraient : pour avoir son maximum d'action, l'acide phosphorique doit être fourni à la plante dès le début de la végétation ; or, comme on ne met, au contraire, bien souvent et à tort selon nous, le nitrate que lorsque la plante est déjà assez développée, les phosphates du sol qu'il mettra en liberté (1) arriveront trop tard pour avoir sur cette plante l'influence qu'on pouvait en attendre et ainsi disparaîtront sans compensation.

Afin d'éviter cet inconvénient du nitrate de soude, il conviendrait donc d'abord de lui associer l'acide phosphorique, *principalement dans les terres pauvres* qui auraient le plus à souffrir de son emploi; d'en réduire les doses au strict nécessaire, et enfin, de l'employer le plus tôt possible après les semailles, si ce n'est en même temps — ce qu'on doit faire pour les céréales de printemps et en général pour les plantes qu'on cultive en cette saison. — On peut aussi dans bien des cas remplacer l'azote nitrique, sinon en totalité, du moins en partie par l'azote organique.

Bien qu'on en conseille l'emploi en couvertures, nous pensons qu'il y aurait souvent avantage à incorporer le nitrate au sol — excepté pour blé, où il ne peut et ne doit être employé qu'en couverture, même à l'automne. — Voici nos raisons : Le nitrate s'emploie au printemps, c'est-à-dire, en une saison généralement sèche, de sorte qu'il est exposé à disparaître sans produire d'effets utiles, tandis qu'incorporé au sol il re-

______

(1) Expression de chimiste qui signifie solubiliser, rendre assimilable, dissoudre. Comparaison approximative : l'eau met le sucre en liberté.

monte avec l'humidité de celui-ci, par la loi de capillarité à la façon de l'eau dans un morceau de sucre (1), et il faut des pluies fort abondantes pour l'extraire hors de la portée des racines, auquel cas, cette abondance d'eau peut lui suppléer (2).

Ayant la propriété d'attirer l'humidité de l'air, le nitrate peut, il est vrai, fondre sans pluie, mais on comprend que cette humidité à elle seule est insuffisante pour permettre à l'azote de traverser une couche de terre desséchée et aller trouver les racines qu'il doit alimenter; de là, les insuccès qu'on éprouve parfois en blé en semant le nitrate en couverture au printemps, si la

____

(1) Cette théorie est contestée, mais nous contesterons à notre tour que le nitrate disparaît aussi rapidement qu'on le prétend.

(2) Cet article était écrit, quand nous trouvons dans le numéro du 15 mars 1896 de la *Champagne Agricole*, un article de M. Grandeau, sur l'emploi des engrais phosphatés et du nitrate de soude dont voici un extrait qui corrobore ce que nous avançons : « Au Parc des Princes, où je continue les études poursuivies depuis plus de vingt ans sur l'action de l'acide phosphorique associé aux engrais azotés, j'ai obtenu pour l'avoine, des excédents sur la production des parcelles témoins, qui ont varié de 10 à 17 quintaux à l'hectare. J'avais employé le nitrate à la dose de 100 kilogr. à l'hectare, épandu sur le sol quelques jours avant la semaille du grain; j'avais en vue de vérifier l'assertion de quelques praticiens qui m'avaient assuré avoir obtenu d'aussi bons résultats par l'enfouissement du nitrate au moment de la semaille que par l'épandage en couverture des engrais peu avant l'épiage. Je signale les bons résultats que m'a donnés cette manière d'opérer qui mérite d'être soumise à des vérifications dans des terrains différents des sables de Boulogne. »

sécheresse survient, et la nécessité qui s'impose de le semer dès la reprise de la végétation, ou au moins, par un temps frais, afin d'en assurer le maximum d'activité.

C'est l'azote qui donne aux céréales cette belle couleur verte qu'on est content de leur voir; quand, au printemps, elles sont jaunes et paraissent souffrir, c'est généralement qu'elles manquent d'azote, alors on sèmera du nitrate.

Si, au contraire, elles sont d'un vert foncé, on devra s'en abstenir, car alors il y a plutôt excès qu'insuffisance d'azote.

Pour les quantités de nitrate à employer, on doit tenir compte de l'état de la terre, de la dose de fumier ou d'engrais employés et de l'épaisseur de l'empouille.

Dans une bonne terre ou quand on aura mis une forte dose d'engrais à l'automne, on évitera d'employer du nitrate, où on en diminuera la dose, malgré parfois, des apparences défavorables du blé, qui ne peut tarder à profiter des circonstances favorables dans lesquelles il a été fait, tandis que dans une mauvaise terre, ou quand on n'aura donné qu'une fumure insuffisante, on forcera cette dose malgré des apparences favorables; cela, toutefois, dans des proportions relatives qu'il appartient au cultivateur d'apprécier.

Enfin, on donnera plus de nitrate à un blé épais

qui menacerait de ne pas monter qu'à un blé clair; une forte récolte, on le comprend, demande plus de nourriture qu'une faible.

Quand par suite de doute sur l'utilité d'un élément on le supprimera d'une formule — principalement pour blé — on fera bien d'employer cet élément sur une parcelle du champ, un are par exemple, la comparaison des récoltes au printemps indiquera si on a eu raison de supprimer cet élément, ou inversement s'il doit être ajouté.

De même, quand on emploie un élément dont l'utilité reste douteuse, en laissant une petite partie du champ exempte de cet élément, on sera fixé sur son action dans les cas analogues et pour l'avenir.

Ainsi, l'absence comme l'excès de potasse peut être la cause de la couleur jaune d'un blé au printemps, aussi bien que l'insuffisance d'azote. Ce n'est donc pas toujours au nitrate qu'on devra avoir recours, ainsi qu'on est généralement porté à le faire, pour rendre aux blés la nuance verte qui convient.

Grâce à cette méthode que permettent les engrais commerciaux, on peut et on doit surveiller ses récoltes, en quelque sorte comme on surveille son bétail, et il est permis, dans une certaine mesure, d'en diriger le développement selon les besoins.

Nota. — Nous croyons devoir conseiller l'emploi de l'azote organique de préférence au nitrate dans les sols de médiocre fertilité quand, par exemple, on veut ajouter de l'azote au super pour seigle ; qu'on veut faire un blé au lieu d'un seigle ou immédiatement après une autre céréale. Toutefois, dans ces deux derniers cas, l'emploi d'une certaine proportion de nitrate paraît indiqué.

Si, par l'emploi d'azote organique, la dépense est plus élevée, non-seulement le résultat paraît plus certain, mais la céréale — avoine ou orge — qui suivra, donnera une récolte supérieure à ce qu'elle eût été avec l'azote nitrique seul.

SULFATE D'AMMONIAQUE

Du sulfate d'ammoniaque nous n'avons que peu de mots à dire, son emploi est peu répandu dans nos contrées et pour cause ; par suite d'une combinaison chimique qui se produit entre l'ammoniaque et la chaux dans nos sols calcaires, la chaux prenant la place de l'ammoniaque qu'elle met en liberté et qui disparaît rapidement à l'état de gaz.

Son effet étant de très courte durée, il y a lieu de ne l'employer qu'en petite quantité et seulement à l'automne, alors que les pluies peuvent en retarder l'évaporation.

Le sulfate d'ammoniaque n'est susceptible de

rendre des services qu'autant qu'il s'agira d'un sol dépourvu d'azote, le moins calcaire possible, et où on veut donner à la plante -- seigle ou blé — une certaine vigueur avant l'hiver; employé dans ces conditions, nous en avons obtenu des résultats satisfaisants.

L'effet du sulfate d'ammoniaque étant de courte durée, même dans nos terres les moins calcaires, il convient de ne l'employer qu'à des doses très réduites, soit de 35 à 50 kilos maximum par hectare.

Si on doublait cette dose, l'effet serait souvent désastreux — ce qui a été constaté — sans doute à cause de la trop grande quantité d'azote mise tout d'un coup à la portée de la jeune plante qu'il tue.

Le sulfate d'ammoniaque doit contenir 21 0/0 d'azote dit ammoniacal. Il est indispensable qu'il soit incorporé au sol, autant que possible en même temps que la semence si on bine à la charrue, et le plus près possible de ce moment si on se sert du semoir pour enterrer la semence.

AZOTE ORGANIQUE

Le sang et les viandes desséchés, les guanos de poissons et autres, la corne et les poudrettes donnent l'azote dit organique dont le prix est plus élevé que celui des précédents; son effet est plus lent mais il est plus régulier et répond mieux aux exigences des plantes dont la végétation demande la présence constante de l'azote.

A cause de la lenteur de leur assimilation, on n'emploie guère ces matières que pour les céréales d'automne (1), surtout la corne dont l'effet, parait-il, a une durée de plusieurs années. Ils doivent toujours être mélangés au sol au plus tard avec la semence et jamais on ne les sème en couverture.

Si on veut en employer pour avoine et orge, on répandra autant que possible en février afin d'en assurer la solubilité que la sécheresse suspendrait, le cas échéant.

Pour les plantes sarclées plus encore que pour les céréales, les matières organiques ci-dessus doivent toujours être incorporées au sol un certain temps avant les plantations ou les semailles.

Comme chacun a pu le constater, les engrais azotés sont susceptibles de rendre de grands services, mais il y a lieu de ne les employer qu'avec prudence et de s'en tenir, pour les céréales, aux doses moyennes. Un excès d'azote peut compromettre une récolte, il a, pour le moins, une influence défavorable sur la qualité du grain et

---

(1) Il peut être fait exception pour le sang, les viandes, guanos et poudrette qui peuvent être employés pour céréales de printemps en les incorporant au sol aussitôt que possible.

de la paille, surtout s'il y a insuffisance d'acide phosphorique.

ENGRAIS PHOSPHATÉS

D'après la nature de notre sol, l'emploi des engrais phosphatés est pour nous *de la plus haute importance*, leurs bons effets étant bien connus, nous n'aurons pas à insister beaucoup pour en provoquer l'emploi. Non seulement on obtient avec l'acide phosphorique des récoltes plus abondantes, mais aussi de meilleure qualité.

Il est indispensable à la vie des plantes — d'où ses bons effets indéniables — et à la formation des graines, lesquelles dans tous les végétaux en contiennent une notable proportion. En un mot, le phosphore est l'élément essentiel de la reproduction (1).

Outre son influence sur la qualité et la quantité des fourrages, etc., l'acide phosphorique com-

______

(1) D'après *l'Agriculture Nouvelle*, 23 novembre 1803, journal dont la lecture très intéressante est à recommander, l'insuffisance d'acide phosphorique dans les fourrages paraît être la cause déterminante de la cachexie aqueuse des ruminants (mal de membres), le sol d'un pays où cette maladie sévissait ne contenait qu'un peu plus de 900 kilos d'acide phosphorique à l'hectare, tandis qu'on en trouve 4,000 kilos dans les terrains où elle est inconnue. Le remède indiqué consiste à améliorer le terrain, pour améliorer le fourrage par l'addition de superphosphate.

munique aux tiges des céréales la force et la
vigueur, il augmente la dimension des épis et le
poids du grain.

Enfin, puisque c'est la disparition de l'acide
phosphorique d'un sol où on a mis du nitrate qui
fait dire que celui-ci use la terre, c'est donc que
cet acide phosphorique joue un rôle bien important dans la végétation des plantes? Cette remarque nous paraît concluante.

Les matières phosphatées ordinairement employées sont les superphosphates minéraux et
ceux d'os. On accorde généralement la préférence
aux premiers à cause de leur prix inférieur.

Quoique l'unité d'acide phosphorique des superphosphates d'os ne produise pas plus d'effet
que celui des superphosphates minéraux, il se
vend plus cher, à la vérité il s'y trouve associé à
une faible proportion d'azote (1 à 1 1/2 0/0) dont
il faut tenir compte, mais il faut attribuer cette
différence de prix, bien supérieure à la valeur de
l'azote des superphosphates d'os, plutôt à la
rareté de cette matière et à l'abondance de son
congénère le superphosphate minéral.

Il y a aussi une autre raison, c'est que l'acide
phosphorique des superphosphates d'os est entiè-
rement soluble dans l'eau, tandis que celui des
superphosphates minéraux ne l'est qu'en faible
proportion, parfois même la presque totalité n'est
soluble qu'au citrate d'ammoniaque, ce qui faisait

croire qu'il agissait moins efficacement sur les récoltes, mais on a reconnu qu'il n'en est rien; des expériences multiples faites en différents endroits, ont appris que l'acide phosphorique des deux provenances avait la même valeur agricole. Il y a donc lieu d'accorder la préférence au superphosphate minéral qui est sensiblement meilleur marché.

Quant aux phosphates naturels qui fournissent l'acide phosphorique au prix le plus bas, ils ne peuvent être employés en terrains calcaires, même employés en mélange avec le fumier, leur effet resterait à peu près nul.

Mêmes observations pour les scories de déphosphoration qui sont aussi sans effet en terrain calcaire.

POTASSE

C'est généralement sous la forme de chlorure de potassium qu'on emploie la potasse. Sauf pour blé, nous ne pensons pas que cet élément ait l'importance qu'on lui attribue, même en terrain calcaire, pour la production des céréales, nous l'avons déjà dit et nous y revenons, il est donc bien rare qu'une céréale manque faute de potasse.

Des expériences faites à ce sujet ont montré qu'elle leur est même quelquefois nuisible.

Un excès de potasse donne une plante jaune, ne produit que des épis courts, tels les blés, seigles et orges faits au fumier de cavalerie qui contient surtout de la potasse.

La science aussi lui reconnaît des effets nuisibles ; c'est en parlant de la potasse que le Dr Sacc dit : « Quand ces sels alcalins existent en trop forte proportion dans une terre, ils agissent de la façon la plus fâcheuse, soit en permettant aux eaux d'entraîner avec elles l'humus qu'ils ont dissous, soit en attaquant et détruisant les tissus végétaux qu'ils dissolvent ou racornissent. — Nous avons constaté ce fait sur des avoines où on avait semé de la potasse, elles étaient restées jaunes pendant une partie de leur développement lequel a été inférieur à ce qu'il eût été sans la potasse. — Il est donc très important de n'appliquer ces sels qu'à très petite dose et jamais par un temps sec. »

Ces réserves faites, nous reconnaissons que, pour légumineuses, l'emploi de la potasse est à recommander.

Quand les céréales doivent être suivies de foin on peut semer la potasse sur le fumier afin de l'incorporer au sol. Si on sème en couverture sur un foin, il convient de le faire le plus tôt possible, soit en octobre-novembre ou au plus tard en décembre.

DOMINANTES

Les savants appellent dominante l'élément préféré de chaque plante, celui sans lequel une plante ne saurait prospérer, et nous disent que dans une formule d'engrais on doit élever la dose de la dominante tant que son emploi est rémunérateur et arrêter la dose des autres éléments au point strictement nécessaire pour assurer les bons effets des dominantes — cela est un peu du domaine de la théorie; ainsi, en pratique, l'insuffisance d'acide phosphorique est plus à redouter que l'excès, quelle que soit la dominante — c'est-à-dire que dans l'emploi des engrais il y a des proportions à observer sans lesquelles on n'obtiendrait que des résultats incomplets tant au point de vue des dépenses qu'à celui du produit.

Ce dont il faut bien se persuader c'est que les plantes se développent *en raison de l'élément qui leur est fourni en plus faible proportion;* en effet, chaque élément ayant un rôle particulier à remplir et tous agissant de concert dans la formation des plantes, si l'un manque, il en résulte ou un arrêt dans le travail de la végétation ou bien l'on n'obtient qu'un produit imparfait et, en résumé, des résultats négatifs.

Exemple : Lorsqu'il y a excès d'azote, les

céréales versent; s'il y a, au contraire, insuffisance on n'obtient qu'une récolte chétive.

Le manque d'acide phosphorique se traduit soit par la verse de la céréale, si la dose d'azote, sans être excessive, est assez élevée, soit inévitablement par l'infériorité de la qualité des produits.

Ainsi l'excès comme l'insuffisance de l'un des éléments d'une formule doit être évité sous peine de dépenses inutiles ou même nuisibles, et nous devons nous efforcer de donner aux plantes les éléments nécessaires dans les proportions voulues selon leurs besoins. La difficulté est de déterminer jusqu'où l'on doit aller et où il convient de s'arrêter pour se conformer à cette règle. Avec de la pratique et en observant bien les faits, on doit arriver à un à peu près satisfaisant.

D'après les livres, les céréales ont pour dominante l'azote, et cependant pour le seigle, par exemple, l'emploi du superphosphate seul suffit généralement pour produire une bonne récolte même dans des terres où on a lieu de croire la provision d'azote fort réduite, ce qui démontre une fois de plus que les indications des livres ne peuvent être suivies à la lettre, puisque d'après elles, nous devrions toujours employer de l'azote.

Il est vrai qu'en disant que l'azote est la dominante des céréales on ne nous dit pas qu'il l'est pour toutes au même degré, ni que l'azote que contient une récolte doive toujours être fourni au sol dans les mêmes proportions, quelle que soit la céréale à produire. Ainsi tandis que le seigle et l'orge tirent 80 0/0 de leur azote de l'air, le blé n'en prend à cette source que 50 0/0, ce qui explique, en partie, sa plus grande exigence sous le rapport de la proportion d'azote à lui procurer, et qu'on puisse le plus souvent se dispenser d'en donner au seigle.

D'autre part, et sans contester que l'azote soit la dominante des céréales, on peut dire que l'acide phosphorique doit presque toujours leur être fourni en plus forte proportion du moins pour le seigle et le blé.

Les betteraves et les carottes ont pour dominante l'azote et la potasse. L'acide phosphorique est celle des navets et de leurs congénères, ainsi que du sarrasin et des topinambours, ces deux plantes toutefois paraissent désirer autant la potasse, qui est la dominante des légumineuses et des pommes de terre.

Favorable à toutes les plantes la chaux n'est la dominante d'aucune.

Dans l'emploi des engrais chimiques — nous croyons devoir appuyer sur ce point — il ne faut pas se montrer trop exclusif en forçant par exemple la dose d'un élément dont les bons effets sont reconnus, sur une plante donnée, à l'exclusion des autres dont la présence est nécessaire. Ainsi l'azote est l'élément préféré du blé, mais il ne faut pas sous ce prétexte dépasser certaine dose, et plus elle sera élevée, plus il faudra élever celle de l'acide phosphorique; celui-ci est l'élément préféré du seigle, mais dans une terre usée il convient de lui associer de l'azote.

Enfin pour les plantes qui ont la potasse pour dominante, surtout si on emploie les doses maximum, l'adjonction proportionnelle d'acide phosphorique est indispensable.

FORMULES

Une formule est l'indication de la quantité et de la proportion des éléments d'un mélange d'engrais destiné à une espèce de plantes déterminées.

Au lieu de formules vagues exigeant presque toujours les modifications qu'on ne saurait y apporter à moins de posséder des connaissances qui permettraient de se passer d'elles, nous en présentons qui peuvent être appliquées telles quelles. Dans ce but nous en multiplions le nombre en les modifiant selon les circonstances et en les expliquant, lorsqu'il nous paraît utile, de façon à ce qu'elles puissent être appliquées en connaissance de cause et surtout avec les risques les plus réduits. Ce qui rend plus difficile l'application des formules des savants c'est qu'elles nous sont données le plus souvent sans qu'il soit tenu compte de la nature des récoltes qui ont précédé — ce qu'il est toujours important de connaître pour donner des formules — ni de l'état ni de la nature du sol.

Pour donner les nôtres, nous prenons les plantes auxquelles elles sont destinées dans l'ordre ordinaire de leur succession; de cette façon, et quelle que soit la rotation qu'on suive, on trouvera facilement, pensons-nous, celle qui conviendra dans chaque cas particulier.

Les doses qui sont indiquées seront applicables à des terres de qualité moyenne et par conséquent elles pourront être augmentées et aussi, dans des circonstances favorables, diminuées ou même supprimées.

Il s'agit ici de donner des indications sur des possibilités, non de poser des règles absolues.

ASSOLEMENT DE TROIS ANS

FORMULES

1re année, 1re récolte. — **Avoine** (1), sur luzerne

---

(1) On peut aussitôt l'avoine faire un jarros, puis blé, ou inversement un blé, puis jarros. Voici les formules à employer : Jarros, superphosphate, 300 à 400 kilos; chlorure, 100; et, en plus du fumier, pour le blé suivant : Superphosphate, 300 kilos nitrate, 100 kilos. Si on commence par un blé sans fumier, mettre Superphosphate, 400 kilos; chlorure. 100 et nitrate 150. dont 75 à l'automne.

tournée. Le seul engrais qu'on puisse employer serait l'acide phosphorique, soit :

Superphosphate. . .   200 à 300 kilos.

2e année, 2e récolte. — **Blé** avec fumure ordinaire, au fumier, mettre :

Superphosphate . . . .   200 kilos.
Nitrate . . . .   80 —

Cette formule peut être employée à l'automne ou au printemps — le nitrate en couverture — on peut aussi mettre le superphosphate à l'automne et le nitrate au printemps.

A défaut de fumier, mettre :

Superphosphate .   400 kilos
Chlorure. . . . .   80 —
Sang desséché . .   150 à 200 —   } à l'automne.
Nitrate . . . . .   60 à 100 —

en couverture comme ci-dessus.

4e année, 3e récolte. — **Avoine**, si le blé a été fait aux engrais chimiques; ou orge, s'il a été fait au fumier :

Nitrate. . . . .   80 à 150 kilos

5e année, 4e récolte. — **Seigle**, si c'est après orge, le blé précédent ayant été fait au fumier, on peut se dispenser de mettre de l'engrais; après avoine, mettre :

Superphosphate . .   300 à 400 kilos

7e année, 5e récolte. — Avoine :

    Superphosphate . .   200 à 300 kilos

    Nitrate . . . . . .   100 à 200   —

8e année, 6e récolte. — **Seigle** au fumier et pour être suivi de foin :

    Superphosphate.   300 k.

    Chlorure . . . .   75 à 100 k. facultatif

Le chlorure peut n'être mis qu'après le seigle enlevé, soit en novembre. Si au lieu de seigle, on veut faire un blé, mettre :

    Superphosphate . .   400 kilos

    Chlorure . . . . .   75 à 100   —

    Sang   150   —

    Ou Nitrate   100   —

Suivent deux années de **foins**, auxquelles les formules suivantes sont applicables chaque année au besoin (1) et en novembre :

    Superphosphate. . . . .   200 kilos

    Chlorure.   100   —

Sur Sainfoin, la dose de chlorure peut être diminuée et celle de superphosphate augmentée.

11e année, 7e récolte (en céréale). — **Blé**, avec fumure moyenne au fumier.

    Superphosphate. . . . .   300 kilos

---

(1) Si la formule pour le blé est employée telle qu'elle est indiquée, on peut se dispenser d'employer celle pour foin, au moins la **première année.**

(Si le foin précédent a reçu les doses d'engrais ci-dessus, le fumier seul peut suffire) :

Aux engrais chimiques seuls :

Superphosphate. . . . . 500 kilos
Chlorure. . . . . 80 —
Nitrate. . . . . 60 —

Dans le même cas que ci-dessus (le foin ayant reçu les doses d'engrais indiquées) on peut supprimer le chlorure et réduire la dose de superphosphate à 300 ou 400 kilos.

13e année, 8e récolte. — **Avoine**, rien.

14e année, 9e récolte. — **Seigle**.
Superphosphate . . 300 à 400 kilos

16e année, 10e récolte. — **Avoine**, comme 5e ou encore :

Superphosphate . . 200 à 300 kilos
Sang desséché. . . 100 à 200 —
Nitrate . . . . . . 100 à 150 —

Si au lieu d'avoine on fait une orge avec fumier et pour être suivie de foin, on peut ajouter au fumier :

Superphosphate . . 300 kilos
Chlorure . . . . . 100 —
Nitrate . . . . . . 75 à 100 —

Cette méthode nous parait préférable à celle qui consiste à fumer deux fois pour assurer une bonne récolte en foin. Elle est plus économique et peut donner les mêmes résultats au point de vue des rendements.

Après le foin, on peut reprendre à 1re récolte et continuer, ou, au lieu d'avoine faire du blé — voir plus loin « assolement libre » — mais, supposant que la 10e récolte a été une avoine, nous continuons par :

17e année, 11e récolte. — **Seigle**, admettant que le dernier blé ait été fait aux engrais chimiques seuls, on mettra :

Superphosphate. . . . . 400 kilos

Sang desséché. . . . . . 150 —

On peut également faire le seigle au fumier — qui, dans ce cas, paraît tout indiqué — ou le remplacer comme à 8e année. S'y reporter pour les deux cas.

19e année, 12e récolte. — **Avoine,** comme 5e récolte ou comme 10e, ou encore orge également comme 10e récolte. (Voir 16e année).

20e année, 13e récolte (après avoine). — **Seigle,** avec fumier de cavalerie, mettre :

Superphosphate. . . . . 200 kilos

Sang desséché . . . . . 100 —

Comme il s'agit ici d'une terre usée, l'addition d'azote nous paraît indispensable.

Dans une terre basse où le seigle est exposé à geler, il y a lieu de le remplacer par un blé. Alors on devra à peu près doubler les doses, principalement celles de sang desséché, soit :

Superphosphate. .   300 à 400 kilos
Sang desséché. . .   200   —

ou encore :

Superphosphate. .   300 à 400 kilos
Sang desséché. . .   100   —
Nitrate . . . . .   70 à 100   —

Notre but étant surtout de donner des formules, il convient de n'attacher qu'une importance secondaire aux assolements dans lesquels nous les présentons, et il est bien entendu que ceux-ci peuvent être modifiés selon les convenances de chacun tout en utilisant ces formules.

Ainsi, à la 7e année, l'avoine peut être remplacée par une orge ainsi qu'à la 16e, et la suite modifiée en conséquence.

Il en est de même des fumures qui peuvent être de natures variées. Connaissant leurs propriétés respectives, tout cultivateur est à même d'en obtenir les effets voulus par l'addition des éléments manquants.

Quant aux proportions de chaque élément, ne pas oublier, si on les modifie, qu'un excès d'azote peut nuire à la récolte, de même, parfois, qu'un excès de potasse.

L'acide phosphorique, on ne saurait trop le répéter, ne présente pas les mêmes dangers, et on peut en augmenter les doses sans risques, au contraire.

Quant à l'emploi du nitrate pour blé, indiqué en couverture au printemps, il peut être fait à l'automne, et même avantageusement.

ASSOLEMENT LIBRE

FORMULES

1re année, 1re récolte. — **Blé**, sur luzerne tournée et au lieu d'avoine. Ici, il y a abondance d'azote, mais épuisement de minéraux, mettre :

Superphosphate. .   400 à 500 kilos
Chlorure . . . . .   75 à 100   —

3e année, 2e récolte. — **Avoine**, la terre parait, dans ce cas, suffisamment pourvue, et peut donner une bonne avoine sans engrais.

3e année, 3e récolte (sans versaine par conséquent). — **Seigle**. Là, il y a lieu d'incorporer au sol, autant que possible, par un labour superficiel, avant les semailles :

Superphosphate . .   400 kilos
Sang desséché. . .   125 à 200   —

On peut, au lieu de seigle, faire soit des jarosses, soit des dravières. Nous mettons en conséquence :

3e année, 3e récolte. — **Jarosse** ou **Dravière**.

    Superphosphate. . . . .   400 kilos
    Sang desséché . . . . .   100 —
    Chlorure. . . . .   100 —

5e année, 4e récolte. — **Avoine**, si on a fait des jarosses ou des dravières, lesquelles laissent une certaine provision d'azote après elles, on peut se dispenser d'en donner ; mais après seigle, on peut mettre :

    Nitrate. . . . .   100 kilos

6e année, 5e récolte. — **Seigle**, avec fumier comme dans l'assolement triennal à 6e récolte, on peut s'y reporter pour la suite.

Si on fait le seigle aux engrais chimiques, la formule pour 3e année, 3e récolte est applicable.

Un **blé** aux engrais chimiques seuls demanderait, à l'automne :

    Superphosphate. .   500 kilos
    Sang desséché. . .   200 —
    Chlorure . . . .   75 —
    Nitrate . . . . . .   50 à 100 —

8e année, 6e récolte. — **Orge**, comme 10e récolte de l'assolement triennal (nous admettons ici que la 5e récolte ci-dessus a été faite aux engrais chimiques seuls).

11e année, 7e récolte (après-deux années de foin).
— **Avoine**, rien.

12e année, 8e récolte. — Plantes sarclées, soit :
1° **Pommes de terre**, à une fumure moyenne,
au fumier, ajouter :

> Superphosphate. . . . . . 300 kilos
> Chlorure. . . . . 200 —

Aux engrais chimiques seuls :

> Superphosphate. . 400 kilos
> Chlorure . . . . . 200 à 300 —
> Nitrate. . . . . . 150 —

2° **Betteraves** fourragères ou **Carottes**, une
fumure moyenne peut être complétée par :

> Superphosphate. . 200 kilos
> Nitrate . . . . . . 150 à 200 —

Dont les 2/3 du nitrate à mélanger au sol pour
le dernier labour, si on sème en place, ou en repi-
quant. Semer le reste au premier sarclage.

Aux engrais chimiques seuls :

> Superphosphate . . 300 à 400 kilos
> Chlorure . . . . . 100 —
> Nitrate . . . . . . 250 à 350 —

à employer comme ci-dessus.

3° **Navets**, **Choux-Navets**, etc., à une dose
moyenne de fumier, ajouter :

> Superphosphate . . 300 à 400 kilos
> Nitrate . . . . . . 100 à 150 —

Aux engrais chimiques seuls :

    Superphosphate. . . . . 500 kilos
    Chlorure. . . . . 100 —
    Nitrate. . . . . 200 —

12ᵉ année, 9ᵉ récolte. — **Blé**, aux engrais chimiques seuls. Les plantes sarclées ayant été faites au fumier :

    Superphosphate . . 400 kilos
(s'il y a lieu) Nitrate . . . . . . 75 — (au printemps)

Ou 12ᵉ année, 9ᵉ récolte. — **Blé**, au fumier. Les plantes sarclées ayant été faites aux engrais chimiques.

    Superphosphate. . . . . 200 kilos
    Nitrate. . . . . 75 —

Si, dans ce cas — les plantes sarclées ayant été faites aux engrais chimiques — on veut y faire aussi le blé, on peut mettre à l'automne.

    Superphosphate. . 400 kilos
    Sang desséché. . . 200 —
    Chlorure . . . . . 50 —
    Nitrate . . . . . . 50 à 75 —

14ᵉ année, 10ᵉ récolte. — **Avoine**, que l'on fait généralement sans engrais, celui qui pourrait être employé est l'azote, soit :

    Nitrate. . . . . 80 kilos

15ᵉ année, 11ᵉ récolte. — **Orge,** au fumier, on peut y ajouter :

> Superphosphate. . . . . 300 kilos
> Nitrate (1) . . . . 80 —

16ᵉ année, 12ᵉ récolte (2). — Blé, aux engrais chimiques (suivi de foin) :

> Superphosphate. . 300 kilos
> Sang desséché. . . 150 à 200 —
> Nitrate . . . . . . 100 —
> Chlorure . . . . . 100 —

(à cause des foins qui doivent suivre).

La première forme (orge et blé), nous paraissant la plus avantageuse, nous supposons qu'elle est suivie et après deux années de foin (3), nous reprenons :

18ᵉ année, 13ᵉ récolte. — **Blé,** aux engrais chimiques. (On remarquera que nous ne mettons presque jamais de fumier sur foin pour blé, nous

---

(1) Si au lieu de faire un blé après l'orge celle-ci doit être suivie de foin, ajouter à la formule : Chlorure. 100 kilos. On peut aussi, outre le nitrate, mettre jusqu'à 200 kilos de sang. Ce que l'orge n'utilisera pas profitera au blé suivant immédiatement.

(2) La dépense en engrais chimique pourra paraître excessive; il convient de noter que l'acide phosphorique et la potasse produiront un effet très sensible sur le foin auquel ils sont en partie destinés. Si l'orge reçoit beaucoup, c'est afin de parer éventuellement à la sécheresse qui empêcherait l'assimilation d'une partie de l'engrais.

(3) Le foin peut être laissé trois ans, dans cette perspective on pourrait porter la dose de chlorure de la formule pour blé à 150 kilos ou encore ajouter les 2ᵉ et 3ᵉ années 100 kilos de chlorure et 150 kilos de superphosphate.

avons dit pourquoi : le foin laisse beaucoup
d'azote et le fumier en apporterait qui serait bien
souvent plus nuisible qu'utile) :

    Superphosphate. . . . .   500 kilos
    Chlorure. . . . .   75 —

20e année, 14e récolte. — Avoine, rien.

21e année, 15e récolte. — Sarrasin :
    Superphosphate. . . . .   300 kilos
    Chlorure. . . . .   60 kilos

Puis, 16e récolte. — **Blé**, au fumier, à dose
faible :
    Superphosphate. . . . .   300 kilos
    Sang desséché. . . . . .   150 —
    Nitrate. . . . .   75 —

Si la dose de fumier est plus forte, le nitrate
pourra être supprimé ou le sang ramené à la dose
de 100 kilos.

Ces formules, parfois différentes les unes des
autres, dans des circonstances à peu près identiques, ce qui pourrait surprendre, sont ainsi
établies, afin d'indiquer que, dans une certaine
mesure, des doses variées peuvent être également
pratiques.

On peut avoir à tenir compte, en se servant de
ces formules, du temps, de la nature de la terre
et de son degré de fertilité. Une terre blanche
craindra moins un engrais azoté pour céréales et

demandera plus de potasse pour légumineuses qu'une terre grise. La différence est plus grande encore avec une terre rouge. Sous cette réserve, s'il est possible de modifier lesdites formules qui sont basées sur des expériences répétées, on fera bien généralement de les appliquer telles quelles.

On pourra aussi, évidemment, intervertir le roulement des récoltes de l'assolement triennal ou ordinaire, à l'assolement libre, et réciproquement. Les rotations suivies n'ont d'autre importance que celle d'indiquer d'une façon aussi précise que possible les quantités et proportions d'engrais à employer en procédant par comparaison, du cas en présence duquel on se trouve à celui qui s'en rapproche le plus de ceux que nous présentons.

Les matières premières variant dans leur composition, on devra en augmenter ou diminuer les quantités à employer selon les cas, afin de maintenir les proportions entre les divers éléments d'une formule, en se basant sur les teneurs suivantes que nous supposons être celles des engrais employés dans nos formules :

Superphosphates	= Acide phosphorique	14 %
Chlorure ou sulfate	= Potasse	50 »
Nitrate de soude	= Azote	15 50
Sang desséché	—	12
Tourteaux	—	6

Si on emploie d'autres matières que celles indiquées — ce sera souvent le cas pour le sang desséché qui peut être remplacé par toute autre matière organique azotée — ou si étant les mêmes elles sont de composition différente, on rétablira les proportions par un calcul très facile. Exemple : au lieu de 300 kilos de superphosphate à 15 % d'acide phosphorique qui donneraient 45, on devra en employer 400 kilos si c'est du 11 % pour obtenir sensiblement la même dose, 44 au lieu de 45. Si au lieu de sang desséché à 12 % d'azote, on emploie des poudrettes à 5 %, on remplacera 200 kilos du premier qui donneraient 24 kilos d'azote par 500 kilos des dernières qui en donneraient 25 kilos et ainsi de suite.

PRÉPARATION ET EMPLOI DES ENGRAIS

Avant de semer l'engrais il est indispensable qu'il soit réduit en poudre fine, autrement les mottes représenteraient un volume d'engrais quelquefois assez important qui serait sans utilité ou nuisible par l'apport excessif sur des espaces des plus réduits.

Les mélanges doivent être faits avec soin et le moins longtemps possible avant l'emploi, sous peine de s'exposer parfois à une déperdition d'azote, principalement dans ceux où il entre du nitrate et du superphosphate.

Après avoir formé un tas des matières à mélanger, on retournera jusqu'à ce qu'on ne distingue plus aucune des matières composant le mélange, qui doit être, comme on dit, homogène. Lesdites matières devant agir ensemble ne produiraient pas d'effets utiles si elles restaient séparées.

Les engrais demandent à être semés avec autant de soins que les graines elles-mêmes, cela est aussi très important, puis incorporés au sol aussi intimement que possible de façon à ce que les racines, qui sont autant de suçoirs et en nombre infini, trouvent dans leur parcours les aliments qui doivent concourir à la végétation ou formation de la plante.

Il est établi que la partie la plus fine de l'engrais est la meilleure, on évitera en conséquence de semer par un grand vent les engrais susceptibles d'être emportés par lui.

Afin de parer à l'inconvénient des grands vents, on peut mouiller légèrement l'engrais avant que de le semer. Pour cela on se sert d'un arrosoir avec la pomme, on passe vivement sur le tas qu'on remue ensuite et on recommence jusqu'à ce qu'il ne s'échappe plus de poussière. L'engrais va bien à répandre en cet état, mais il ne faut pas oublier *qu'il doit rester en poudre*, et ne pas trop mouiller à la fois ni en totalité afin qu'il ne se reprenne pas en motte, ce qui se produirait d'autant plus facilement qu'on attendrait plus longtemps pour le répandre : on ne mouillera donc qu'au moment d'employer, plus tôt il faudrait le faire avec plus de réserve.

De ce que les matières solubles — nitrates, chlorures et sulfates — absorbent l'humidité, il en résulte que si un mélange se trouve placé dans un endroit humide, ces matières se dissolvent, coulent et s'accumulent au bas de la masse, alors le moindre inconvénient est qu'il faut recommencer l'opération si on ne veut s'exposer à de graves mécomptes en employant l'engrais en cet état, de sorte que si on l'a préparé trop à l'avance il devra être placé dans un endroit sec et recouvert de paille afin d'empêcher le contact de l'air.

Le cas ci-dessus ne doit se présenter qu'autant que des circonstances exceptionnelles auront empêché l'emploi immédiat. Afin de s'assurer qu'aucune déperdition des éléments utiles ne se produise, certains mélanges pouvant provoquer des décompositions des matières mélangées, il sera toujours prudent de ne les opérer qu'au moment de l'emploi.

ACHAT DES ENGRAIS

La question d'achat des engrais mérite, elle aussi, d'être examinée, c'est grâce à l'insuffisance

des connaissances des acheteurs que des commerçants sans scrupule, le plus souvent représentés
par des voyageurs, peuvent vendre à des prix
quelquefois doubles de leur valeur, des matières
dont les effets pourront être nuls.

Il convient donc de n'acheter ses engrais qu'à
des commerçants honorablement connus, ou
mieux, par l'intermédiaire des syndicats, en outre
de ne jamais acheter d'engrais complet, lequel se
prête le mieux à la tromperie, il faut aussi en
payer les frais de manipulation pour un mélange
qu'on peut faire soi-même d'abord et qui, ensuite,
répond rarement aux besoins des plantes par
rapport à la composition et à l'état du sol.

Ceux qui achètent eux-mêmes leurs engrais ne
doivent pas oublier que la loi oblige les vendeurs
à certaines garanties qui sont : que les matières
soient clairement dénommées, de même que leur
composition en éléments fertilisants. Ainsi pour
les superphosphates il doit être indiqué qu'ils
contiennent soit : 10 à 12 (10/12), 12 à 14 ou 14
à 16 d'acide phosphorique soluble à l'eau et au
citrate.

C'est surtout dans les achats de matières organiques azotées qu'il faut exiger des définitions
précises; il ne doit être tenu compte que de
l'azote *soluble et assimilable*, alors que bien
souvent il est question « d'azote total », une certaine proportion d'azote insoluble se trouvant

mélangée à l'engrais afin d'établir une confusion qui permette d'en majorer la valeur.

Enfin pour toutes les matières vendues comme engrais, si après analyse il est reconnu que la teneur réelle n'atteint pas le minimum, qui doit toujours être indiqué sur la facture ou l'état de marché, le vendeur peut être actionné en justice pour résiliation du marché et paiement de dommages-intérêts.

En cas de tromperie dûment constatée sur l'engrais reçu, il peut suffire d'en aviser le Parqnet pour que des poursuites soient exercées contre le livreur indélicat.

Les engrais achetés par l'intermédiaire des syndicats étant toujours analysés à la livraison, il en résulte pour les syndiqués, une sécurité dans leurs achats qu'ils ne sauraient avoir en restant isolés. Cette seule raison devrait suffire à décider les hésitants. Tous nous avons intérêt à nous syndiquer.

DOIT-ON UTILISER LA JACHÈRE ? (Versaine.)

La suppression de la jachère, généralement considérée comme impraticable dans nos contrées, est devenue au moins une possibilité.

Sans prétendre qu'on soit à la veille d'aboutir à cette suppression, ni que cette mesure soit économiquement pratique pour tous et qu'on doive chercher à la réaliser d'une façon absolue et à bref délai, nous pensons qu'en l'état actuel des choses, et autant que nos moyens le permettront, il y a lieu d'utiliser la jachère, nous voulons dire une partie, la plus grande possible, mais — et nous insistons sur ce point — avant que d'arriver à ce moyen d'augmenter la production, celle-ci devra nécessairement être portée à son maximum sur les terres en roies.

Ce serait, en effet, un bien mauvais calcul que d'augmenter le nombre d'hectares cultivés, — ceci soit dit d'une manière générale — si on ne peut le faire sans qu'il en résulte une diminution du rendement à l'hectare, et on ne saurait conseiller d'empouiller des terres en versaine là où les terres en roie, non seulement n'atteignent pas de hauts rendements, mais encore auraient à souffrir de cette concurrence.

En agitant cette question nous n'avons pas la prétention de la résoudre avec succès ni de la présenter comme un moyen infaillible de diminuer le préjudice que nous cause la concurrence étrangère, mais grâce aux facilités que nous procurent les engrais chimiques de pouvoir modifier nos méthodes de culture, il nous a semblé qu'il pouvait y avoir quelque chose à faire de ce côté; ayant examiné dans quelle mesure, nous nous bornons à soumettre nos réflexions à l'attention de ceux qui voudront bien nous lire.

La crise agricole actuelle étant, pour une bonne part, l'œuvre de la concurrence étrangère qui, malgré des droits de douane élevés, maintient nos produits aux bas prix excessifs qu'elle a provoqués, nos efforts doivent tendre à vaincre cette concurrence. Nous n'avons guère d'autres moyens de l'éloigner de nos marchés que d'y rendre sa présence inutile. Pour cela notre production doit égaler, pour le moins, les besoins de la consommation.

En nous efforçant d'atteindre ce but, si nous n'y parvenons qu'en partie, du moins il nous restera cette satisfaction d'avoir réalisé un important progrès agricole et une fois de plus, on pourra dire que la concurrence est le moyen le plus efficace pour amener des améliorations.

En présentant nos formules, nous indiquons dans l'assolement libre dans quel sens nous pensons qu'on peut arriver à supprimer une partie des versaines, nous allons compléter ces indications.

Ainsi, à moins de vouloir utiliser toutes les terres en versaine, sortant d'avoines tournées, en y cultivant des plantes sarclées — ce que nous conseillons comme le moyen le plus avantageux — on peut ne tourner en avoine qu'autant qu'on voudra avoir à sa disposition des terres sortant de foin pour lesdites plantes sarclées et tourner le reste en blé ainsi qu'à première année, première récolte (assolement libre).

On a de cette façon une avoine dans la versaine et avec une faible dépense le seigle ou dravière, ou jarosse qui suivront, donneront encore un bon rendement et aussi l'avoine qui viendra après, de sorte qu'en cinq années on obtient quatre récoltes avec une dépense approximative de 110 francs pour un hectare. Tandis qu'en tournant en avoine qu'on ferait suivre d'une versaine (1) on n'aurait que trois récoltes pour une dépense de 75 francs; c'est donc 35 francs que coûterait le surplus provenant de la quatrième. Quant à la sixième année, nous admettons qu'elle soit en versaine, cependant nous rappellerons, pour mémoire, qu'on pourrait faire un sarrasin avec engrais chimiques (sup., 400 k., chl., 100 k.), et faire suivre d'un blé au fumier.

S'il est bien de produire beaucoup, c'est à la condition que l'élévation des rendements corresponde à une diminution du prix de revient, et produire vite nous paraît aussi une solution à réaliser, c'est ce qui nous a fait indiquer une orge en versaine à quinzième année, avant un blé et sur une terre à empouiller en foin.

Ainsi il arrive qu'on a du fumier d'avance pour seigle ou blé, ou qu'on en achète aussitôt les

______

(1) Là, on peut faire, outre des plantes sarclées, soit un jarros puis un blé, soit inversement un blé puis un jarros.

orges faites, soit en mai et juin, ce fumier est de l'argent avancé à la terre qui ne le rendra pas avant dix-huit mois ou deux ans, alors que la situation qui nous est faite nous amène sensiblement au contraire à supprimer le crédit, les avances à la terre.

Ainsi il suffirait d'avancer un peu l'achat du fumier et de faire de l'orge (1) pour rentrer dans une partie de ses déboursés au bout de quelques mois, enfin, avec une faible dépense pour achat d'engrais complémentaires, obtenir deux récoltes au lieu d'une, cela sans préjudice pour celles à venir : foin et céréales.

D'un autre côté, une partie des orges faites en roie pourraient être faites dans la versaine et remplacées par des avoines. La partie faite dans la versaine, pourrait, selon les besoins, être suivie de foin comme les orges en roie, ou de blé comme ci-dessus, puis foin. Ce serait encore autant de pris sur la versaine.

Si on y ajoute l'extension qui peut être donnée à la culture des plantes sarclées — principalement des pommes de terre dont l'utilité est loin encore d'être appréciée à sa valeur (2) — on voit qu'il est

---

(1) En dehors des plantes à couper en vert avant de faire le blé.

(2) La pomme de terre est appelée à prendre une place importante dans l'alimentation du bétail ; l'engraissement des bêtes à cornes, comme celui des porcs peut être obtenu avec économie par les pommes de terre, cela est aujourd'hui démontré.

possible d'arriver à utiliser économiquement une grande partie de la jachère.

Enfin, et d'une façon générale, nous pensons que le fumier destiné à faire du seigle ou du blé devrait être utilisé quand on en dispose assez tôt pour pouvoir produire telle récolte que ce soit qui serait susceptible de dédommager des avances faites à la terre. Dans bien des cas, une faible addition d'engrais pour la récolte suivante, puis un foin remettant le sol dans les conditions de fertilité qu'on peut désirer.

Ces modifications dans nos assolements ne nous paraissent pas avoir rien d'excessif, sinon qu'elles exigent la disposition de capitaux que des campagnes comme celles que nous traversons, raréfient singulièrement ! A quand le crédit agricole qui doit nous tirer d'embarras ?

...... Comptons donc sur nous, ou du moins sachons y compter, et à une situation nouvelle cherchons à opposer des moyens nouveaux.

Les pratiques d'autrefois pouvaient suffire aux besoins du temps, elles ne répondent plus aux nôtres. N'acceptons pas les idées nouvelles sans examen, mais ne les rejetons pas de parti pris ; sans rien livrer au hasard, cherchons, c'est encore le fond qui manque le moins.

SIMPLES RÉFLEXIONS SUR L'ENSEIGNEMENT AGRICOLE. — CE QU'IL DOIT ÊTRE

Il serait injuste de méconnaître ce qui a été fait ou ce qu'on a voulu faire, depuis plusieurs années, au point de vue de l'enseignement agricole, mais les résultats répondent-ils à l'attente de nos pouvoirs publics et surtout aux sacrifices qu'ils se sont imposés sous ce rapport? Nous ne le croyons pas.

Il existe bien aujourd'hui un grand nombre d'établissements d'études et d'enseignements agricoles, mais il faut bien convenir qu'ils ne profitent guère qu'à un petit nombre de cultivateurs privilégiés, et que la masse est restée, jusqu'à présent, à peu près étrangère aux progrès réalisés; non-seulement elle les ignore, mais, nous dirons plus, elle en est victime, et ses souffrances viennent du progrès lui-même qui, en agriculture, est nuisible à ceux qui n'en profitent pas.

Outre les établissements dont nous parlons plus haut : stations agronomiques, laboratoires agricoles, écoles pratiques, etc., des conférences agricoles sont faites dans les communes qui le demandent, mais le conférencier — homme de science avant tout — s'adressant à des praticiens n'ayant aucune notion de cette science dont il les entretient, peut-il espérer laisser des traces de son passage dans nos localités qu'il honore de sa visite? Bien peu, en dépit de sa bonne volonté et de sa science incontestables.

La raison en est bien simple : ne disposant que de peu d'instants, il ne peut traiter que superficiellement un sujet qui demanderait plusieurs semaines d'études pour être approfondi.

Il y a aussi l'enseignement agricole donné par les instituteurs; ce que les parents devraient savoir on *essaie* de l'apprendre aux enfants, on établit des champs dits de démonstration. Il nous a été donné d'en voir qui paraissaient plutôt faits pour démontrer l'infériorité des théories nouvelles sur la pratique, que toute autre chose : les produits de ces champs n'égalaient pas, le plus souvent, les récoltes les plus mauvaises qu'on eût pu trouver sur le terroir.

Est-ce à dire cependant qu'on doive proscrire les champs de démonstration? Nous n'avons pas cette pensée. Selon nous, ce qu'il faudrait, au contraire, serait d'en organiser la direction si on veut qu'ils justifient leur titre. Nous dirons plus loin comment nous comprenons cette organisation.

Quant aux instituteurs, ils ne sauraient non plus être rendus responsables de leurs insuccès, — quand insuccès il y a, — nous parlons ici d'un fait et n'entendons nullement généraliser. On doit, pour le moins, leur tenir compte de leur intention et, dans tous les cas, les mettre à profit. N'agissant que d'après des théories dont ils n'ont parfois que des connaissances très sommaires, ils ne peuvent qu'aboutir, bien souvent, à des résultats négatifs, ne serait-ce qu'à leurs débuts, ce qui n'en doit pas moins être évité, dans leur intérêt et surtout dans celui des élèves.

Que nous nous trompions dans nos appréciations et que les méthodes suivies jusqu'à présent soient continuées, nous le voulons bien, persuadé que nous sommes qu'elles finiront par aboutir à quelque chose d'utile. Mais ce que nous verrions avec plaisir, serait qu'on en arrive enfin à enseigner l'agriculture, dans ses nouveautés pratiques, *à ceux qui l'exercent*, à les guider, à les tenir au courant pour ainsi dire, au jour le jour, des progrès réalisés, et cela pourra être obtenu quand les comices et syndicats agricoles le voudront. Il leur appartient d'organiser ou de provoquer l'organisation de *l'enseignement agricole pour tous*.

Pour être efficace, cet enseignement doit résulter de l'action combinée de la théorie et de la pratique.

Il en résulte que, n'ayant pour guide que des théories plus ou moins appropriées aux circonstances, l'instituteur doit être aidé dans son œuvre par les cultivateurs, dans leur intérêt même.

Cette coopération aurait pour avantage d'assurer le présent en préparant l'avenir.

Sans entrer dans de plus longues considérations, voici un aperçu de ce qui pourrait être fait :

Une commission composée de plusieurs cultivateurs pris parmi les plus expérimentés et de l'instituteur serait formée dans chaque commune et un champ d'une étendue à déterminer serait mis à sa disposition.

Une partie de ce champ servirait à des démonstrations : ce que la pratique a acquis de la science serait reproduit. Qu'il s'agisse de l'emploi des engrais, de variétés nouvelles de plantes quelconques, de façons à donner aux terres, etc., mais cela autant que les résultats d'expériences antérieures permettront de compter sur le succès des opérations, afin qu'elles puissent, sans risques, être imitées par la culture.

L'autre partie servirait à des expériences sur les données nouvelles de la science, dans la mesure des moyens d'action dont on disposerait.

Pour compléter l'œuvre, une commission supérieure, issue des commissions locales, centraliserait les rapports, grouperait ces dernières selon les besoins afin d'uniformiser et de limiter les opérations.

En simplifiant le travail dans chacun des champs on en rendrait les résultats plus sûrs. Le nombre des champs dont on disposerait permettant de faire simultanément toutes les expériences intéressantes.

Nous n'avons pas besoin de dire que Monsieur le Professeur départemental d'agriculture aurait sa place marquée en tête de cette organisation.

Enfin, un manuel élaboré par la commission supérieure en collaboration avec Monsieur le Professeur départemental serait mis à la disposition des instituteurs et *de tous les cultivateurs*. Il traiterait principalement des meilleures méthodes de culture, de l'emploi rationnel des engrais en général et des variétés de plantes à cultiver, d'après des données certaines, confirmées au moyen des champs de démonstration; chaque année, au besoin, il serait complété par un bulletin résumant les expériences faites dans l'année dont les résultats mériteraient d'être portés à la connaissance de tous.

Dans chaque commune, les commissions locales réuniraient les cultivateurs et les jeunes gens sortis de l'école aussi souvent qu'il serait jugé utile, on commenterait les indications données, tous les renseignements désirables seraient fournis à ceux qui le demanderaient, et tous les progrès réalisés seraient *mis directement et promptement à la portée de tous*.

La question de l'enseignement serait ainsi résolue avec succès, cet enseignement qui serait continué après la sortie de l'école ne dépendrait plus du plus ou moins de bonne volonté ou de connaissance des instituteurs — ceci sans aucune arrière-pensée ni intention désobligeante à leur égard — et n'aurait plus à souffrir de leurs déplacements quelquefois souvent répétés.

Le rôle des commissions locales consisterait à les seconder et au besoin à les remplacer dans l'accomplissement de leur tâche qui serait ainsi simplifiée.

Sans nous étendre davantage sur les détails d'application et sans en nier les difficultés possibles, mais non insurmontables, nous croyons fermement que quelque chose d'efficace peut être fait dans le sens que nous indiquons, et tandis que l'enseignement de l'Etat, utile sans doute, mais qui coûte fort cher, ne profite qu'à un petit nombre, celui qui résulterait de l'organisation que nous préconisons, profiterait à tous, petits et grands, et ne coûterait rien.

Ce serait, en un mot, un enseignement populaire et démocratique par excellence, et la mise en pratique d'une sage maxime : Aidons-nous les uns les autres.

Nous ne saurions mieux faire que de terminer sur ces mots.

Reims — Imp Indép. Rémois. — J. Justinart.

TABLE DES MATIÈRES

*

ERRATA

PAGES.

IV 1er alinéa, 4e ligne, lire des *uns* et des autres.

21 2e alinéa, 4e ligne, lire *ou* au lieu de en celle.

43 3e alinéa, 2e ligne, lire *la* kaïnite.

46 1er alinéa, 4e ligne, lire *l'entraîner* au lieu de l'extraire.

84 2e ligne, lire *les* localités au lieu de nos.

ERRATA